ANNE PETER & JENS AMENDE

A Modern Way to Schreber

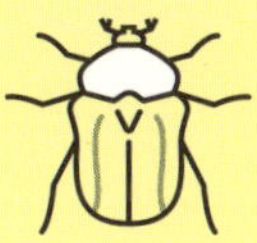

KNESEBECK

INHALT

Spätestens seit die Pandemie die Sehnsucht vieler Stadtmenschen nach einem eigenen Fleckchen Grün geschürt hat, können sich die Schrebergartenvereine vor Bewerbungen kaum retten. Was noch vor einiger Zeit als spießig galt, ist heute zum perfekten Kompromiss zwischen dem Wunsch nach Natur und der Liebe zum Stadtleben geworden. Auch die Zahlen belegen, dass der Kleingarten längst seinen spießigen Ruf abgeschüttelt hat: In den letzten zwei Jahren hat sich das Interesse an einer Parzelle vielerorts verdoppelt. Immer mehr junge Menschen zieht es in die Kleingartenanlagen, wo sie sich den Traum von der finanzierbaren Laube als Wochenendhaus erfüllen.

Wir sind Anne & Jens und zwei von ihnen! Nach einigen Jahren des Wartens auf die richtige Parzelle gärtnern wir seit 2019 in unserem Schrebergarten »Nyponhus« im Düsseldorfer Stadtteil Flingern. Für uns ist der Garten der perfekte Ausgleich zu unseren Schreibtisch-Jobs als Designerin und Designer und gleichzeitig eine kreative Spielwiese für den »Traum vom Eigenheim im Mini-Format«.

Auf unserem Weg vom vernachlässigten Stück Land zu unserer privaten Garten-Oase in der Stadt lernen wir durch Social Media viele Gleichgesinnte kennen, mit denen ein inspirierender und bereichernder Austausch beginnt.

Erholung im Grünen, Selbstversorgung, Entschleunigung: So unterschiedlich unsere Gärten sind, so verschieden sind auch die Gründe, sich für einen Schrebergarten zu entscheiden. Eines haben wir alle gemeinsam: Wir lieben es, mit den Händen in der Erde zu buddeln, üben uns in Geduld, den Pflanzen beim Wachsen zuzusehen, lieben den Geruch von frisch gemähtem Gras und den Gesang der Amsel am Abend.

Auf einer Reise durch Deutschland und Österreich besuchen wir zwanzig kreative Gärtner:innen in ihren Schrebergärten. Sie erzählen uns bei Kaffee und Wein ihre persönliche Garten-Geschichte, verraten uns die wichtigsten Tipps, Tricks und Rezepte und geben uns Einblick in ihre gemütlichen Lauben.

Kommt mit auf die Reise, vorbei an Goldfischteichen, Gartenzwergen und Maschendrahtzäunen hin zu den kreativen Neuinterpretationen moderner Schrebergärten.

Gärtnernde sind optimistisch. Sie pflanzen heute einen Baum, von dem sie wissen, dass er erst in einigen Jahren richtig Schatten spenden wird.

ANNE & JENS

Wie alles begann

ca. 400 Quadratmeter

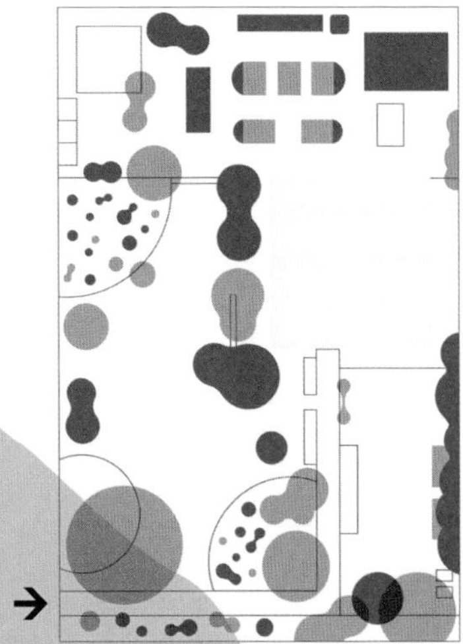

Unser Garten ist ein Ort der Begegnung für alle Menschen, die uns lieb sind.

⟶ *Anne Peter {Art Direktorin}*
Jens Amende {Illustrator & Motiondesigner}
GARTEN IN DÜSSELDORF
instagram/nyponhus
www.annepeter.net
www.jensamende.de

Wir starten die Reise mit unserer eigenen Gartengeschichte.

Inzwischen ist unser Kleingarten für uns wie eine kleine Oase – zehn Minuten Fahrradweg von unserer Stadtwohnung entfernt. Im Sommer können wir uns von unserer Ernte selbst versorgen und die Laube an den Wochenenden als Ferienhaus nutzen. Doch es kostete viele Stunden Arbeit und die Hilfe großartiger Freunde, um die verwahrloste Parzelle aus ihrem Dornröschenschlaf zu erwecken. Man braucht eine optimistische Vision, Durchhaltevermögen und viel Muskelkraft für ein Projekt dieser Größe.

DER WEG ZU UNSEREM NYPONHUS

Wir sind beide auf dem Land aufgewachsen, bevor wir zum Studium nach Düsseldorf zogen und uns kennenlernten. Nach einigen Jahren in der Stadt sehnten wir uns immer intensiver nach einem Ort im Grünen zum Entspannen, Gärtnern und Handwerken. Gleichzeitig wollten wir aber auch die Vorzüge der Stadt, mit dem reichen Kulturangebot und der Nähe zu unseren Freunden, nicht aufgeben. Einen bezahlbaren Wohnraum mit Garten in Düsseldorf zu finden war schon vor Jahren utopisch. Deshalb hatten wir beide sehr schnell die Idee, einen Schrebergarten zu pachten.

Wir ließen uns auf die Wartelisten zweier Gartenvereine unseres Stadtteils setzen und warteten viele Monate, bis wir uns endlich die ersten Gärten anschauen durften. Jedes Mal war die Aufregung groß: Könnte dies der richtige Garten für uns sein?

Ein paar Tage vor unserer standesamtlichen Hochzeit besichtigten wir zum ersten Mal unseren jetzigen Garten. Der erste Eindruck vom Gartenzaun aus war zwar vielversprechend, der Garten letztendlich aber so vernachlässigt, dass wir uns gegen die Übernahme entschieden. Manchmal ist es einfach nicht der richtige Augenblick. Wir hatten zu diesem Zeitpunkt keine Energiereserven für einen

→ *Vom muffigen Gartenhaus zum einladend hellen Wochenend-Domizil.*

Garten diesen Kalibers. Ein gutes Jahr später wurde der Garten von seinem Neubesitzer tatsächlich wieder abgegeben und die Parzelle wurde uns erneut angeboten. Dieses Mal mit mehr Energie in der Tasche, inzwischen 2,5 Jahren Wartezeit auf dem Buckel und dadurch gewachsener Lust, nun endlich loszulegen! Wir sagten Ja! Unsere Schlüssel erhielten wir im Dezember und den Winter nutzten wir, um einen groben Plan für die Struktur des Gartens zu erstellen und frische Inspiration durch Bücher und Gartensendungen zu sammeln.

Wir stellten uns die Frage, was für ein Garten unser Schrebergarten werden sollte. Da wir in einer sehr lauten Stadtwohnung leben, sehnten wir uns nach einem Domizil, um dort unsere Wochenenden und Ferien zu verbringen – wie ein schwedisches Sommerhaus. Ein Wohlfühlort in hellen Farben mit einer Terrasse für gesellige Abende mit Freunden, vielen Blumen für die Vase auf dem Küchentisch und genügend Platz, um eigenes Gemüse anzubauen. Auch auf eine Rasenfläche zum Spielen von Federball oder Kubb wollten wir nicht verzichten.

Auf der Grundlage unserer Wünsche erstellten wir einen Grundriss und ein Farbkonzept für die Laube. Sobald die ersten milden Temperaturen es zuließen, warteten aber vorerst die weniger spaßigen Aufgaben auf uns.

DIE HARTEN ERSTEN MONATE

Unser erstes Gartenjahr war eine echte Herausforderung. Wir fingen parallel an, die Laube zu renovieren, den Nutzgarten zu errichten und große Baustellen wie das Abreißen betonierter Bereiche oder das Zuschütten des Gartenteichs

⟶ *Wir lieben es, in unserem Garten direkt auf dem Feuer Stockbrot oder Folienkartoffeln zu backen.*

Seither haben wir die Balance gefunden zwischen Erholung und handwerklicher Spielwiese.

umzusetzen. Rückblickend können wir sagen, dass wir uns zu viel zugemutet haben und uns kleinere Ziele hätten stecken sollen, anstatt alle Baustellen gleichzeitig zu beginnen. Wir sind körperlich häufig an unsere Grenzen gestoßen und mussten erst lernen, dass ein Garten ein KANN und kein MUSS ist. Im Job waren wir es gewohnt, ständig auf Deadlines hinzuarbeiten, wohingegen der Garten für uns genau das Gegenteil sein sollte: ein Ausgleich zu unserem sitzenden Alltag vor dem Computer.

DAS ZIEL IMMER IM BLICK

Wir merkten also schnell, dass wir nicht so verbissen an das Projekt herangehen durften und uns neben der ganzen Arbeit auch Auszeiten schaffen und regelmäßig vor Augen halten mussten, wie weit wir schon gekommen waren. Also erstellten wir einen Instagram-Account als eine Art Tagebuch zur Dokumentation unserer Reise von der dunklen Hütte im Saunalook bis zu dem hellen, schwedischen Wochenendhaus, von dem wir immer geträumt hatten. Unseren Schrebergarten und somit auch Account tauften wir Nyponhus, schwedisch für Hagebuttenhaus. Immer wenn sich ab dann Frustration breitmachte, konnten wir durch die vergangenen Beiträge scrollen und sehen, was wir schon alles geschafft hatten.

WAS ES BEDEUTET – DAS KLEINGARTENGLÜCK

Seither haben wir die Balance gefunden zwischen Erholung und handwerklicher Spielwiese. Im Laufe des zweiten Gartenjahres mit der ersten Übernachtung im Garten stellte sich endlich das Gefühl ein, wovon wir so lange geträumt hatten: absolute Entschleunigung.

Es ist ein unbeschreiblich friedliches Gefühl, morgens im Nyponhus zu erwachen, mit einem Kaffee barfuß über den Tau zu laufen und die Ruhe zu genießen.

Inzwischen schenkt uns der Garten die Energie, die er uns in den ersten Monaten geraubt hat. Natürlich gibt es nach wie vor genug

Projekte, aber die Entspannung, die sich einstellt, sobald wir mit dem Fahrrad in die Gartenkolonie biegen, macht alle Stunden Arbeit, die wir in diesen Ort investieren, direkt wieder wett!

Für uns ist der Garten ein Ort der Begegnung. Natürlich genießen wir auch die Stunden zu zweit, aber wir teilen unser Paradies gerne mit unseren Freunden und der Familie. In den ersten Monaten hatten wir so viel tatkräftige Unterstützung, dass wir es nun genießen, gemeinsam mit den Helfer:innen die Früchte unserer Arbeit zu ernten: Sei es zum Sonntagskuchen oder an Abenden mit Stockbrot und Lagerfeuer.

SÄEN, PFLEGEN, ERNTEN, ESSEN

Da wir besonders gerne und viel kochen, war von Anfang an klar, dass wir eigenes Gemüse anbauen wollen. Zwar hatten wir damit bisher keine Erfahrung, waren aber mindestens genauso motiviert wie ahnungslos! Deshalb planten wir schon recht früh unsere Hochbeete und den Pflanzplan für das erste Jahr. Gelernt haben wir vor allem: Jedes Gartenjahr ist anders. Wenn ein Gemüse in einem Jahr besonders ertragreich war, heißt das nicht, dass es auch im nächsten so ist.

Wir probieren jedes Jahr viel aus. Besonders bei Tomaten macht es unglaublich viel Spaß, unterschiedliche Sorten zu säen, die man niemals im Supermarkt bekommen würde: von dunklen Kirschtomaten über winzig kleine gelbe Perlen und große Fleischtomaten.

Durch unseren Garten haben wir eine neue Wertschätzung gegenüber der Natur und unseren Lebensmitteln entwickelt. Es ist wirklich unglaublich, wie aus einem Samenkorn eine Pflanze wächst und schließlich die erste Tomate geerntet werden kann, die wiederum Samen für die nächste Saison spendet.

Man ist stolz und glücklich, mit einem großen Fahrradkorb, gefüllt mit eigenem Gemüse nach Hause zu radeln: unverpackt, bio und regional ja sowieso! Wenn wir Tomatensauce, Ketchup, Marmeladen und »sauer Eingelegtes« einkochen, konservieren wir die Farben und Aromen des Sommers und lieben es, anschließend ein Stück Gartenglück an Freunde und Familie zu verschenken oder in einem besonderen Augenblick im Winter zu öffnen und uns an den Sommer zu erinnern.

Natürlich gibt es auch Wochenenden, an denen wir die viele Arbeit nicht mehr sehen können und ganz dringend eine Auszeit brauchten. Dann verbringen wir einen Samstag so wie früher: gehen frühstücken und bummeln durch die Stadt. Aber spätestens am Sonntag kommt dann doch die Sehnsucht nach dem eigenen Fleckchen Grün und unserem Nyponhus!

→ *Tomaten, Pflaumen, Beeren, Äpfel, Bohnen, Gurken und mehr.*

Die wichtigsten Fragen, die ihr euch stellen solltet, wenn ihr auch einen Kleingarten pachten möchtet:

Wie bekommen wir einen Schrebergarten?

Wir sind den klassischen Weg gegangen und über die Warteliste an unseren Garten gekommen. Wir haben uns bei zwei Vereinen als passives Mitglied angemeldet (dazu muss man sich beim Vorstand vorstellen) und dann regelmäßig nachgefragt. Drei Jahre haben wir gewartet, bis wir unseren Garten gefunden haben. In der Zwischenzeit wurden uns auch ein paar andere Gärten vorgeschlagen, die aber nicht infrage kamen, weil sie nicht zu uns passten oder zu teuer waren. Überlegt euch vorher unbedingt, was ihr höchstens ausgeben möchtet.

Man kann allerdings auch nach privaten Inseraten in Kleinanzeigen oder über Social-Media-Gruppen suchen, Freund:innen und Bekannte ansprechen, die bereits einen Garten haben oder sich beim Spaziergang in der Lieblingskolonie einfach am Gartenzaun unterhalten und die Ohren offen halten.

Haben wir Zeit für einen Garten?

Natürlich ist ein Schrebergarten Arbeit, allerdings ist die Bewegung an der frischen Luft ein toller Ausgleich zum Büro-Job. Je nachdem, in welchem Zustand ihr den Garten übernehmt, habt ihr mehr oder weniger Arbeit vor euch. Wichtig ist, dabei unbedingt in kleinen Projekten zu denken und sich daran zu erfreuen, wenn diese abgeschlossen sind. Im besten Fall empfindet ihr Freude beim Gärtnern und könnt euch dabei entspannen. Einen Tag pro Woche solltet ihr schon in euer grünes Glück investieren. Bei großen Projekten traut euch, um Hilfe in eurem Bekanntenkreis zu bitten, und scheut euch nicht, Profis zu engagieren, wenn es kompliziert wird und ihr es nicht alleine schafft!

Worauf sollten wir beim Kauf achten?

1. ERREICHBARKEIT

Der wichtigste Punkt bei uns war die Erreichbarkeit des Gartens. Um die Motivation zu erhalten, auch unter der Woche nach der Arbeit für ein paar Stündchen in den Garten zu fahren, sollte unser Garten mit dem Rad in fünfzehn Minuten erreichbar sein. Der Garten sollte sich also in der Nähe eures Zuhauses befinden und gut mit dem Verkehrsmittel eurer Wahl zu erreichen sein.

2. NACHBARSCHAFT

Schaut euch an, was sich in der Nähe des Gartens befindet: Achtet auf laute Straßen, Gleise oder Einflugschneisen und überlegt euch, ob ihr euch durch die Lärmbelästigung eingeschränkt fühlt. Im besten Fall könnt ihr auch schon eure zukünftigen Gartennachbar:innen kennenlernen und herausfinden, ob ihr auf einer Wellenlänge seid, um zukünftigen Stress zu vermeiden.

3. INFRASTRUKTUR

Natürlich ist es ganz individuell, was ihr zum Gärtnern braucht. Überlegt euch deshalb im Vorhinein, auf welche Infrastruktur ihr nicht verzichten möchtet und wie ihr diese im Zweifel nachrüsten könnt. Wasser ist für die Gartenarbeit wichtig. Gibt es einen Wasseranschluss, einen Brunnen oder die Möglichkeit, Regenwasser zu sammeln? Strom ist nicht unwichtig, wenn ihr elektrische Gartengeräte und einen Kühlschrank verwenden möchtet. Eine Abwassergrube ermöglicht euch außerdem, in der Laube eine Wassertoilette und Küchenspüle zu intergrieren. Aber auch eine Komposttoilette kann eine gute Alternative sein.

4. ZUSTAND

Prüft den Zustand der Laube. Könnt ihr diese renovieren oder lässt sich die Grundsubstanz nicht mehr retten und es kommt ein Abriss auf euch zu? Riecht die Laube feucht, so solltet ihr prüfen, ob das Dach oder die Wände undicht sind. Findet ihr Mäusekot, versucht, ob ihr die unliebsamen Mitbewohner aus der Laube verdrängen könnt, indem ihr die Schlupflöcher verschließt.

5. LICHT

Prüft, wie viel Licht und Sonne in den Garten gelangen. Gibt es große Bäume, die euch die Sonne stehlen, die ihr für das Gemüse braucht?

Wann befindet sich die Sonne wo im Garten? Abhängig vom Sonnenstand solltet ihr auch die Aufteilung des Gartens planen.

6. KOSTEN

Überlegt euch vorher, wo eure Schmerzgrenze für die Ablösesumme liegt. Bedenkt dabei, dass auch der Zustand des Schrebergartens eine erhebliche Rolle spielt. Wenn ihr einen sehr vernachlässigten Garten übernehmt, kommen viel höhere Renovierungs- und Umgestaltungskosten auf euch zu als bei der Übernahme eines gepflegten Gartens. Je nach Größe des Gartens errechnet sich außerdem der monatliche Beitrag, die Pacht, die ihr für euer grünes Glück bezahlen müsst. Dieser Beitrag liegt inklusive Strom und Wasser bei uns circa bei 50 € pro Monat.

Was machen wir als Erstes, wenn wir einen Garten übernehmen?

Herzlichen Glückwunsch! Ihr habt die Schlüssel für euer Gartenglück in den Händen und habt sicherlich tausend Ideen für euren Schrebergarten! Unser Tipp an euch: Nutzt das erste Gartenjahr, um euren Garten richtig kennenzulernen. Natürlich habt ihr sicherlich schon ein paar Projekte im Kopf, die ihr direkt umsetzen möchtet. Trotzdem ist es toll, im ersten Jahr zu schauen, wo welche Frühblüher aus der Erde kommen und welche Stauden wann blühen, bevor man alles versetzt. Beobachtet euren Garten und erstellt eine Gartenskizze, an welchen Orten ihr euch aufhalten möchtet und Sitzplätze entstehen sollen und wo Platz für das Gemüse oder eure Blumenbeete bleiben soll. Habt dabei immer im Hinterkopf, was genau euer Garten erfüllen soll: Platz zum Spielen für die Kinder, Selbstversorgung, Erholung vom anstrengenden Job oder Platz für viele Gäste?

Welche Gartengeräte brauchen wir?

Meistens gibt es schon eine ganze Menge Gartengeräte, die ihr vom Vorbesitzer oder der Vorbesitzerin erbt. Nehmt euch die Zeit, diese durchzuschauen, zu reinigen, zu reparieren oder auch auszusortieren, wenn ihr sie nicht gebrauchen könnt. Wir finden, folgende Geräte dürfen in keinem Garten fehlen:

1. GARTENSCHERE

Auf eine gute Gartenschere könnt ihr nicht verzichten und hier lohnt es sich tatsächlich, ein hochwertiges Modell zu kaufen. Wichtig ist, dass sie gut in eurer Hand liegt. Wir haben mehrere Gartenscheren für alle Freund:innen, die gerne mal mit anpacken.

2. HANDSCHUHE

Sie schützen die Hände nicht nur vor Schmutz, sondern auch vor Verletzungen durch Schere oder Dornen.

3. HANDSCHAUFEL

Für jede Blumenzwiebel oder Pflanze, die ihr in eurem Garten in die Erde bringt, braucht ihr die kleine Schaufel, die euer bester Freund werden wird.

4. SPATEN

Wenn ihr größere Pflanzen umsetzen oder Bäume pflanzen möchtet, braucht ihr größeres Gerät: Ein stabiler Spaten darf in keinem Garten fehlen.

5. HANDGRUBBER

Um dem Unkraut in euren Beeten an den Kragen zu gehen und diese zu harken, ist ein kleiner Handgrubber das ideale Gerät.

6. RECHEN

Mit dem Rechen könnt ihr perfekt das Laub von eurem Rasen oder den Wegen fegen.

7. SCHUBKARRE

Eine stabile Schubkarre ist im Garten einfach unverzichtbar

8. REGENTONNE & GIESSKANNE

Na klar: Für gesunde Pflanzen braucht ihr (Regen-)Wasser, vor allem im Sommer. Auch jede frisch gepflanzte Pflanze braucht zum Anwachsen besonders viel Wasser.

Wir wünschen euch ganz viel Freude auf eurer Gartenreise. Denkt immer daran: Jedes Gartenjahr ist anders! Verliert nicht den Spaß am Ausprobieren, erfreut euch an kleinen Erfolgserlebnissen und vergesst nicht, euren Garten einfach nur zu genießen! Auf Seite 270 findet ihr unsere Tipps für tolle Gartenbücher und inspirierende Online-Shops. Hier findet ihr unsere liebsten Songs (Spotify-Playlist) zum Gärtnern:

sptfy.com/6ZOS

MARIE

Wochenendhaus

ca. 680 Quadratmeter

Im Sommer verbringen wir oft mehr Zeit im Garten als in unserer Wohnung.

→ *Marie Himmel {Architektin}*

GARTEN IN HAMBURG

instagram/fraumeise.de

www.fraumeise.de

Als Marie und ihr Mann Tim auf den Schrebergarten ihres Nachbarn aufpassen dürfen,

ist es um die beiden geschehen und ihr größter Wunsch, ebenfalls einen Garten zu besitzen, ist geboren. Der Nachbar legt ein gutes Wort für die beiden ein und somit dauert es nur ein halbes Jahr, bis Marie und Tim ihren eigenen Garten übernehmen können.

DER GROSSE LAUBENUMBAU

Mit fast 700 Quadratmetern ist dieser riesig und bietet eine Menge Potenzial für Maries Ideen. Als Erstes wollen sie sich aber um die Laube kümmern. Auch wenn sie diese ursprünglich nur renovieren wollten, stellen sie schnell fest, dass es sich bei der Hütte um ein Fass ohne Boden handelt und sie diese komplett entkernen müssen. Das Dach, der Boden, die Dämmung: Alles muss erneuert werden. Zum Glück ist Marie Architektin und kann vieles in Eigenregie umsetzen. ***»Meine Schwägerin hat genau zu dieser Zeit ein Haus gekauft und saniert. Das war grandios, da wir von ihr allerlei Baumaterialien und die ganzen alten Fenster übernehmen konnten! Wir haben dies also zum Anlass genommen und die gesamte Laube umgebaut!«***

Marie und Tim planen ein Satteldach statt Pultdach, wo ein zukünftiger Schlafbereich entstehen soll. Sie bauen in den hinteren Bereich der Laube die geschenkten Fenster ein und kreieren somit einen Wintergarten. So verwandeln sie die Laube in einen hellen Wohlfühlort mit Wohnzimmer und

→ Auf der kleinen Holzterrasse vor der Laube hat man alles im Blick.

→ Marie hat ein großes Herz für Wildblumen. Diese sät sie jedes Jahr neu aus.

→ Marie und Tim haben an ihrem Garten fast alles selbst gemacht – auch die Rankhilfen.

→ Aus einem alten Holzsessel hat Marie eine Schaukel gebaut.

Schlafbereich. Sechs Jahre dauert die Sanierung, bis die Laube zu ihrem perfekten Wochenend-Refugium geworden ist.

DER TRAUMGARTEN NIMMT FORMEN AN

Parallel wird der Garten in unterschiedliche Bereiche aufgeteilt. Es entstehen ein Gemüsegarten mit Tomatenhaus, eine Outdoor-Küche, eine Feuerstelle und eine kleine Holzterrasse direkt am Gartenhaus.

Marie und Tim sind ein perfektes Team, haben den gleichen Geschmack und sind sich ziemlich schnell einig bei neuen Projekten.

»Seit ein paar Jahren können wir unseren Garten einfach genießen und verbringen im Sommer sehr viel Zeit dort. Wir haben uns durch die große Sanierung nicht nur einen Schrebergarten, sondern vielmehr ein Wochenendhaus geschaffen. Unsere Freunde kommen gar nicht mehr in unsere Wohnung, sondern besuchen uns eigentlich nur noch in unserem Garten!«

→ *Die Gemüsebeete vor dem Tomatenhaus hat Marie mit Bergbohnenkraut eingefasst.*

Am liebsten halten sich die beiden in ihrem Gemüsegarten auf. Generell können sie nicht besonders gut ausruhen. Dazu haben sie ihre Hände viel zu gerne in der Erde oder an der Säge: ***»Wir finden die Entspannung nicht unbedingt in der Hängematte, sondern vielmehr beim Gärtnern. Bei unseren Schreibtisch-Jobs erklärt sich, warum wir in unserer Freizeit am liebsten mit den Händen arbeiten!«***

Der Garten von Marie und Tim ist die perfekte Mischung aus gepflegten Beeten und wilder Blumenwiese. Beiden ist naturnahes Gärtnern extrem wichtig. Alle Tiere und Insekten sind in ihrem Garten mehr als willkommen. Zeitweise stehen dort auch die Bienenstöcke eines Imkers. Besonders schön sind die verschiedenen Bereiche des Gartens, die organisch ineinander übergehen. Im vorderen Teil befinden sich die Gemüsebeete und das selbst entworfene Tomatenhaus, das schon vom Gartenweg aus ein toller Hingucker ist. Die Gemüsebeete hat Marie mit Bergbohnenkraut eingefasst – eine tolle und bei Insekten beliebte Alternative

→ *Marie kombiniert gerne alte und neue Möbel.*

→ *Im hinteren Teil der Laube kann man es sich mit einem Kaffee gemütlich machen.*

→ *Durch die vielen Fenster, die Marie und Tim eingebaut haben, ist die Laube wunderbar hell.*

Der Garten macht für uns einen riesigen Teil unseres Alltags aus und ist für uns der perfekte Ort, um Energie zu tanken.

zum empfindlichen Buchsbaum. Geht man auf dem Weg weiter in den Garten hinein, kommt man an einer bunten Wiese mit einjährigen Wildblumen vorbei, hinter welcher der Platz mit der Feuerschale liegt.

»Hier sitzen wir besonders gerne mit Freunden und machen Flammlachs über dem offenen Feuer!«

Die Laube befindet sich im hinteren Bereich des Gartens und ist hinter Sträuchern lauschig versteckt, sodass Marie und Tim trotz der vielen Fenster ihre Privatsphäre haben.

»So gerne wir Besuch in unserem Garten haben, sind wir natürlich auch gerne zu zweit hier und genießen den Ort, den wir uns mit viel Durchhaltevermögen erschaffen haben. Wir können uns nicht mehr vorstellen, ohne unseren Schrebergarten zu sein. Er macht einen riesigen Teil unseres Alltags aus und ist für uns der perfekte Ort, um Energie zu tanken!«

→ *In die Laube durften nur ausgewählte Lieblingsmöbel einziehen.*

Maries Flammlachs

FÜR 4 PERSONEN: *4 Brötchen, 1 ganzes Lachsfilet, 1 Becher Schmand, 1 EL Senf, 1 EL Honig, 1 EL frische Gartenkräuter nach Wahl (z. B. Petersilie, Schnittlauch, Borretsch, Pimpinelle, Dill), frische Salatblätter, Salz, Pfeffer*

1

Das Lachsfilet mit »Edelstahlfischgräte« und Draht auf dem Räucherbrett fixieren.

2

Ein Feuer in der Feuerschale entzünden und circa 30 Minuten brennen lassen.

3

Das Räucherbrett an der Feuerschale fixieren und den Lachs für 45 Minuten garen.

4

In der Zwischenzeit aus Schmand, Honig, Senf, Kräutern sowie Salz und Pfeffer einen Dip anrühren.

5

Die Brötchenhälften mit dem Dip bestreichen, anschließend Lachs und frischen Salat auf das Brötchen legen.

6

Den warmen Flammlachs genießen!

SUSAN & FRANK

Herbstgarten

ca. 750 Quadratmeter

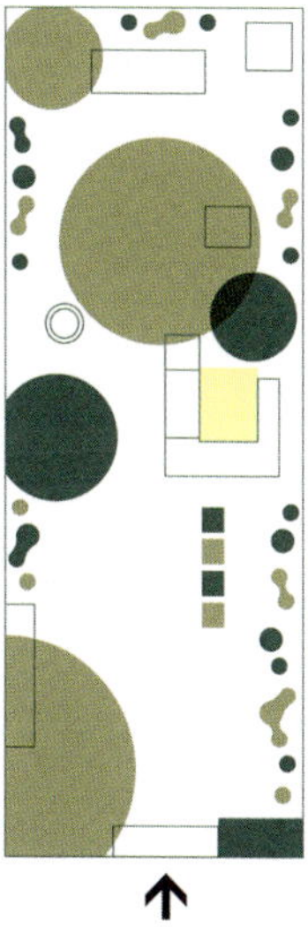

In unserem Garten wird mit allen Sinnen entschleunigt!

→ *Susan Schlameuß {Architektin}*
Frank Schäfer {Architekt}
mit Hund Anton
GARTEN IN STUTTGART
instagram/2boxdetail
www.2-box.de

Susan und Frank sind verliebt –

in Dänemark. Seit etlichen Jahren verbringen sie drei Wochen ihres Sommers in Nordseeland in einem kleinen Sommerhus. Anfangs fuhren sie zu zweit in den malerischen Norden und bewohnten sehr einfache Hütten ohne Strom- und Warmwasseranschluss. Heute reisen sie mit der ganzen Familie und gönnen sich etwas mehr Luxus. Aber eins ist geblieben: die Reduktion auf das Wesentliche.

Aus vielen Gründen war es bisher nie möglich, ganz in den Norden auszuwandern, darum entschieden sie vor vielen Jahren, sich einfach den Traum vom eigenen Sommerhus in ihrer Heimatstadt zu erfüllen. Sie kauften eine 800 Quadratmeter große Streuobstwiese mit einer zwölf Quadratmeter großen Gartenlaube und verbrachten seither jegliche freie Zeit an diesem friedvollen Ort.

Dass es in ihrem Garten weder Wasser noch Strom gibt, genießen Susan und Frank. Dieser vermeintliche Mangel lässt Entschleunigung entstehen, der man sich nicht entziehen kann.

DAS GLÜCK DER ENTSCHLEUNIGUNG

»Wenn wir das Gartentor öffnen, sind wir direkt entspannt! Da wir beide keine großen Gärtner sind, verbringen wir wenig Zeit mit der Pflege und belassen den Garten möglichst natürlich. Dafür bleibt mehr Zeit für Erholung«, schwärmt Frank.

Den Garten genießen sie mit allen Sinnen: Sie lesen, kochen über dem Feuer oder auf dem Gasherd, hören den Grillen beim Zirpen zu oder riechen das frisch gemähte Gras. Deshalb haben die beiden sich auch ganz bewusst dagegen entschieden, die Gartenhütte als Homeoffice zu nutzen. Der Garten soll sich weiterhin wie ein Kurzurlaub anfühlen. Handys werden im Auto gelassen.

Dass sie ihren Garten wirklich bekommen haben, verdanken sie einem glücklichen Zufall. Bevor sie ihn bei Kleinanzeigen entdeckten und schließlich besichtigen durften, hatte die Vorbesitzerin

→ *Die Laube haben Susan und Frank vor ein paar Jahren noch einmal komplett saniert. Dafür wählten sie eine Verkleidung mit Platten aus See-Kiefer und bauten diverse modulare Möbel. Seither verbringen sie die gemütlichen Herbst-Wochenenden noch lieber in ihrem Garten.*

Hier holt sich mein Körper die Erholung, die er braucht!

→ Franks Tipp: Das Holz »quadratisch« schichten (unten große, nach oben immer kleinere Scheite auflegen) und dann von oben anzünden.

→ Der Blick ins Feuer ist besser als jeder Film.

→ Mit einem Dreifuß lässt sich über offenem Feuer kochen, grillen, braten oder schmoren.

→ Perfekt für den Herbst: eine bunte Pilzpfanne.

nämlich schon einige negative Erfahrungen bei diversen Besichtigungen gemacht. Innerlich hatte sie sich eigentlich schon entschieden, den Garten, der fast so etwas wie ein Familienerbstück war, nicht abzugeben. Erst als Susan ihre Tochter Lilo rief, um wieder nach Hause zu fahren, und die Vorbesitzerin dies mitbekam, entschied sie in dieser Sekunde, aus dem Bauch heraus, dass Susan und Frank den Garten kaufen durften. Sie hieß nämlich selbst Lilo und der Gedanke, dass der Garten wieder von einer Lilo geliebt werden würde, versöhnte sie mit dem Verkauf.

ANGEWANDTE NACHHALTIGKEIT

Susan und Frank können rückblickend sagen, dass der Garten die Kindheit ihrer beiden Kinder maßgeblich mitgeprägt hat: ***»Man kann einem Kind niemals spielerischer beibringen, was Nachhaltigkeit bedeutet, als in einem Garten. Jeder Tropfen Wasser, der den steilen Hang hinaufgetragen wurde, wurde sparsam eingesetzt und anfallender Abfall sorgsam getrennt und wieder mit nach Hause genommen.«***

→ *Auch Hund Anton genießt die Stunden am Feuer.*

Besonders als die Kinder klein waren, war der Garten eine absolute Bereicherung für die Familie. Ein Ort fernab von Menschenmassen auf der Suche nach Wochenend-Beschäftigung. Inzwischen nutzen Susan und Frank den Garten wieder mehr zu zweit, aber auch die Kinder ohne ihre Eltern mit ihren Freunden.

Der Garten hat sich im Laufe der Jahre verändert und sich den Bedürfnissen der Familie angepasst. Vor ein paar Jahren war eine Sanierung fällig, und Susan und Frank konnten alle Träume der optischen Veränderung umsetzen.

Sie verkleideten die Laube von innen mit See-Kiefer und bauten Einbauschränke, eine Küche und einen modular nutzbaren Schreibtisch, den man sowohl als Sitzbank, Tisch und als Verlängerung der Küchenzeile nutzen kann. Als Inventar durften nur echte Lieblingsstücke einziehen. Dafür suchen sie natürlich am liebsten auf dänischen »Loppes« (Flohmärkten), um ihrem Sommerhus möglichst viel Authentizität zu verleihen.

DER GARTEN IM HERBST & WINTER

Anders als viele andere genießen Susan und Frank ganz besonders die kalten Monate in ihrem Garten. Dann heizen sie das gusseiserne Öfchen in der Laube an und machen es sich gemütlich.

»Es braucht keine fünf Minuten bei knisterndem Feuer auf unserem Lauben-Sofa und ich schlafe wie ein Baby«, lacht Susan. ***»Hier holt sich mein Körper die Erholung, die er braucht!«*** Besonders im Herbst lieben es Susan und Frank auch, in ihrer kleinen Hütte zu schlafen. Die taufrischen und teilweise nebeligen Morgen im Garten zu verbringen, genießen sie sehr. Seit ein paar Jahren haben sie die Tradition entwickelt, Heiligabend nachmittags in den Garten zu fahren. ***»Dann gibt es Bescherung für die Tiere in Form von Vogelfutter und wir machen es uns am Kamin in der Laube gemütlich. Jeder darf dann schon ein kleines Geschenk auspacken. Anschließend geht es zu unserem Weihnachtsschmaus nach Hause und wir sind in richtig friedvoller Weihnachtsstimmung.«***

Susans und Franks Tipps für die kühle Jahreszeit im Garten

1

Frostschutz

Wenn man keinen Feuerofen oder Strom für eine elektrische Heizung hat, gibt es die Möglichkeit, einen »Frostwächter« aufzustellen und die Laube damit zu erwärmen. Dafür einfach eine Kerze auf einen Untersetzer aus feuerfester Terrakotta und den passenden Blumentopf verkehrt herum auf den Untersetzer stellen. Der »Frostwächter« erwärmt sich durch das Feuer und gibt die Wärme an den Raum ab.

2

Omnia Ofen

Der Omnia Ofen ist ein Backofen für die (Gas-)Herdplatte. Die runde Form mit Loch in der Mitte verteilt die Wärme und erzeugt eine Ober- und Unterhitze. Perfekt, um einen Kuchen mit eigenen Äpfeln zu backen und nebenbei die Laube zu erwärmen.

3

Unordnung

Susan und Frank empfehlen, besonders im Herbst und Winter nicht den ganzen Garten »winterfest« zu machen, sondern Äste und Laub einfach stehen zu lassen. Sie bieten vielen Tieren, zum Beispiel Igeln, Unterschlupf in der kalten Jahreszeit.

4

Feuer

Feuer schafft eine gemütliche Atmosphäre und besonders Wärme in den Herbst- und Wintermonaten: ob draußen in der Feuerschale oder drinnen im Ofen. Ein toller Nebeneffekt: Man kann auf offenem Feuer großartig kochen und sich nebenbei einen wärmenden Eintopf oder eine herzhafte Pilzpfanne zubereiten.

5

Gemütliche Stoffe

Decken aus Baumwolle, Socken aus Wolle oder Lammfelle: Mit vielen natürlichen Textilien wird es kuschelig warm. Man kann im Herbst nie genug Decken haben!

MEIKE DANNY

Buntes Bullerbü

ca. 600 Quadratmeter

Schon nach einer Nacht im Garten hat man das Gefühl von Urlaub!

→ *Meike Rasmusson {Designerin}*

Danny Rasmusson {Speditionskaufmann}

mit Piet

GARTEN IN HAMBURG

instagram/frau_rasmusson

www.rasmussons.de

Wenn Meike und Danny das Tor ihres Gartens öffnen,

empfinden sie direkt absolute Entschleunigung. Er ist für sie Urlaub im Alltag und ein kleines Bullerbü in der Großstadt. Mit der Geburt ihres Sohnes Piet vor acht Jahren übernahmen sie den verlassenen Garten mit riesiger Laube in Hamburg. Ihr Gedanke: hier Stadt und Land miteinander verbinden zu können.

DER START DER RENOVIERUNGSPHASE

Jahr für Jahr steckten Meike und Danny immer mehr kreative Ideen, Zeit und Geld in das kleine Feriendomizil. Inzwischen sind die 600 Quadratmeter Naturgarten ein absolutes Paradies, in dem sie zu gerne das gesamte Wochenende verbringen. Der Garten liegt rund acht Kilometer von Dannys und Meikes Wohnung in der Innenstadt entfernt. Meistens planen sie ihre Gartentage so, dass sie von Freitag an das Wochenende gemeinsam dort verbringen. In der Woche ist auch einer der beiden gerne mal allein dort. Aber mit Übernachtung, damit es sich auch richtig lohnt. Ihr Schrebergarten ist mehr Feriendomizil als Kleingarten.
Die Grafikdesignerin mit eigenem Mode-Label hat ein unglaublich sensibles Gespür für Farben und Formen und tausend kreative Ideen, die sie meistens auch auf eigene Faust umsetzt. Die bunte Laube spiegelt Meikes Freude am Gestalten bestens wider.

Sie renovierten acht Jahre lang peu à peu in Eigenregie mit viel Vorstellungskraft und Energie und erschufen einen Wohntraum mit Schlafzimmern, Küche, Esszimmer, Wohnzimmer und Wintergarten.

»Fertig sind wir natürlich noch nicht. Es gibt immer wieder neue Ideen. Dennoch wägen wir stets vernünftig ab, ob es Sinn ergibt, in ein Projekt Geld und Arbeit zu stecken. Im letzten Sommer haben wir beispielsweise den kleinen Anbau renoviert, der vorher quasi ungenutzt war. Jetzt ist dort ein Gartenzimmer entstanden mit

→ *Im Vorgarten befindet sich der Nutzgarten mit den vielen Gemüsebeeten.*

1965

APPLE

→ *Meike hat ein tolles Händchen für besondere Farbkombinationen.*

→ *Aus Holz und Fliesen hat sie sich selbst eine bunte Arbeitsplatte für die Küche gebaut.*

Fertig sind wir natürlich noch nicht. Es gibt immer wieder neue Ideen.

→ *In ihrem sonnengelben Bett (natürlich selbst angestrichen) schläft es sich besonders gut!*

→ *Den Anbau hat Meike in einen lauschigen Wintergarten verwandelt.*

→ *An dem großen Esstisch kann man hervorragend basteln, wenn es draußen regnet.*

→ *Überall sorgen bunte Elemente für gute Laune.*

lauschiger Couch und Blick in den Garten. Der perfekte Rückzugsort zum Lesen, Musik hören und Träumen!« Außerdem haben Meike und Danny im letzten Sommer eine Holzterrasse gebaut, die zu einem absoluten Lieblingsort geworden ist. ***»Wir haben gerne Gäste und sitzen mit ihnen an unserem langen Tisch. Die Outdoor-Küche ist direkt um die Ecke und wir kochen hier zusammen, trinken Wein und haben eine tolle Zeit.«*** Wenn ihre Freunde sich abends aufs Fahrrad schwingen und Richtung trubelige Stadt fahren, entscheiden sich Meike, Danny und Piet meistens spontan, einfach im Garten zu bleiben. ***»Schon nach einer Nacht in unserem Garten hat man das Gefühl von Urlaub«***, schwärmt Danny.

EIN SOMMERHUS WIE IN SCHWEDEN

Danny ist in Schweden aufgewachsen und kennt die Wochenendhaus-Kultur. Viele Menschen in Schweden verbringen ihre gesamten Sommerferien, aber auch die Wochenenden in ihren Sommerhäuschen. Rund die Hälfte aller Schwedinnen und Schweden hat Zugang zu einem Sommerhaus. Dieses kann ein ganz einfaches Häuschen ohne Strom und fließend Wasser sein, mit ausgelagertem Klo und schlichten Möbeln – fast also wie eine Schrebergartenlaube. Das besondere sind die Nähe zur Natur, die Ruhe, Entschleunigung und der Gegensatz zum Alltag. ***»Es gibt einen Moment, wenn man mit dem Rad wieder nach Hamburg reinfährt, da trifft einen die Stadt mit dem Lärm wie ein Schlag. Am liebsten möchte man dann umkehren«***, erzählt Danny.

→ *Die lauschige Sitzecke mit den alten Rattan-Möbeln ist ein absoluter Lieblingsplatz!*

→ Im lauschigen Schatten auf dem Outdoor-Bett lässt es sich besonders gut träumen.

→ Das geerntete Gemüse wird direkt in der Outdoor-Küche abgewaschen.

→ In den Hochbeeten wächst Gemüse in den Farben des Regenbogens.

Dennoch leben die beiden sehr gerne in Hamburg und sind froh, den Schritt gewagt zu haben, den Garten zu pachten. Inzwischen sind viele andere Familien in die benachbarten Gärten gezogen und beleben den alteingesessenen Verein.

So gemütlich es sich die junge Familie in ihrer bunten Laube gemacht hat, eigentlich sind sie am liebsten den ganzen Tag draußen: ***»Besonders gerne verbringen wir die Tage unterm Apfelbaum! Hier kommen mir auch oft die besten Ideen – beim Beobachten der Wolken und Lauschen der Vögel kann man herrlich entschleunigen«***, schwärmt Meike. Neben bunten Staudenbeeten bauen sie auch Gemüse in Hochbeeten an. ***»Wir lieben es, das Gemüse zu ernten und anschließend direkt in unserer Outdoor-Küche zu verarbeiten. So schmeckt es einfach am besten – ganz frisch aus dem Beet!«***

Vor einem Jahr haben sich Meike und Danny einen Traum erfüllt und einen Campingwagen gekauft, den sie ebenfalls liebevoll renoviert haben. Er ist quasi wie eine kleine Gartenlaube auf Rädern und ermöglicht ihnen die spontane Alltagsflucht in die Natur und ans Meer. In der Zwischenzeit steht er im Vorgarten der Gartenparzelle und wartet auf seinen Einsatz.

In Meike und Dannys Gartenverein gibt es sogar Gärten mit Wasserzugang. Ein absoluter Sechser im Lotto: ***»Natürlich lieben wir unseren Garten sehr, aber ein Gärtchen am Wasser wäre noch einmal eine Überlegung wert, unseren Schrebergarten irgendwann aufzugeben. Dann würden wir uns ein kleines Boot kaufen und die Sonnenuntergänge auf dem Wasser genießen!«***

Meikes DIY-Blumenkasten

FÜR EINEN KASTEN: *Holzbretter aus Sibirischer Lärche* (2 Seitenteile: 120 x 12,5 cm, 1 Boden: 120 x 10 cm, 2 Seitenteile: 10 x 12,5 cm), *22 Schrauben* (rostfreie Senkschrauben, 8 mm lang), *Zollstock, Säge, Schmirgelpapier, Stift, Bohrmaschine, Senkbohrer, Akkuschrauber, wetterfester Lack, Pinsel, Kreppband*

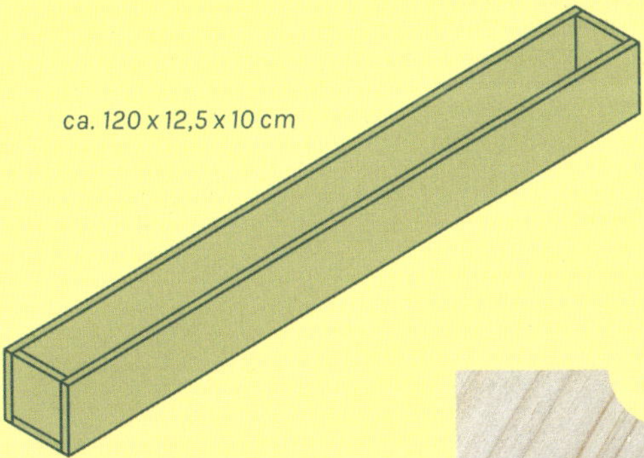

1

Die Bretter auf die gewünschte Länge sägen oder sägen lassen, dann die Kanten und die Oberfläche glatt schleifen.

2

Mit einem Bleistift nun die Positionen markieren, an denen die Holzbretter mit den Schrauben verbunden werden sollen.

3

Mit dem Bohrer die Löcher vorbohren. Nun die Teile mit rostfreien Senkschrauben verbinden.

4

Wenn alle Holzteile verbunden sind, kannst du den Kasten von außen lackieren.

5

Trage zunächst die hellere der beiden Farben auf der gesamten Außenfläche des Kastens auf. Lass den Kasten im Anschluss einen ganzen Tag trocknen.

6

Im zweiten Schritt klebst du mit Kreppband Flächen ab. Nun lackierst du die offenen Flächen mit der zweiten Farbe. Anschließend wieder einen Tag trocknen lassen und dann das Kreppband abziehen. Fertig!

CARO

Das grüne Büro

ca. 280 Quadratmeter

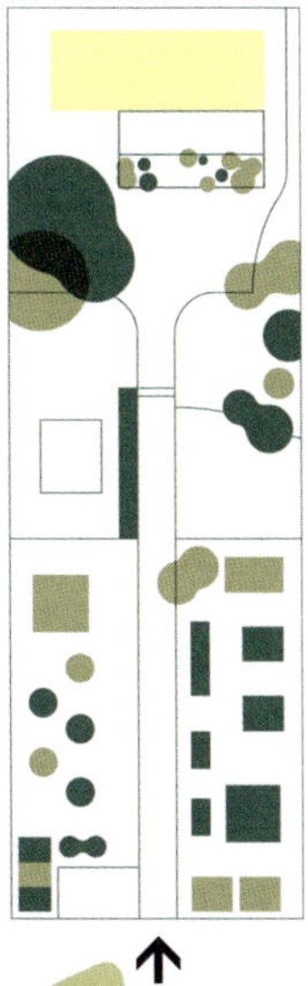

Wenn der Genuss zu kurz kommt, verliert man langfristig die Freude am Garten!

⟶ *Carolin Engwert {Designerin & Autorin}*

GARTEN IN BERLIN

instagram/hauptstadtgarten

www.hauptstadtgarten.de

Für Caro ist ihr Garten mehr als nur Erholungsort

und botanische Spielwiese – er ist seit ein paar Jahren auch Arbeitsplatz. Als sie 2016 den Blog »Hauptstadtgarten« ins Leben rief, wollte sie neben ihrer Tätigkeit als Grafikdesignerin ein eigenes kreatives Projekt als Horizonterweiterung starten. Niemals hätte sie damit gerechnet, dass sie schon einige Jahre später als »Kleingartenexpertin« Interviews geben würde.

VOM FAMILIENGARTEN ZUM BERUFLICHEN FOKUS

Ursprünglich übernahm sie den Garten, weil sich ihre Kinder nach einem grünen Fleckchen mit Obstbäumen zum Klettern und Ernten sehnten. Als sie die 280 Quadratmeter große Parzelle zum ersten Mal sah, überlegte sie nicht lang.

Durch die Dokumentation des Projekts auf ihrem Blog, wurde ein Verlag auf sie aufmerksam und fragte sie, ob sie sich vorstellen könne, ein Schrebergarten-Anfängerbuch zu schreiben. Caro zögerte nicht lang, reduzierte Stunden ihres Jobs und sprang kopfüber in ein Vorhaben voller Herausforderungen und neuer Erfahrungen.

»Das war ein absolutes Herzensprojekt. Ich habe mir gedacht, dass ich endlich das Buch schreiben kann, das ich mir als Begleiter für mein erstes Schrebergartenjahr gewünscht hätte!« Caro gibt in ihrem Ratgeber saisonale Tipps, verrät Tricks und versucht gleichzeitig, den »Druck« aus dem Projekt Garten zu nehmen.

→ *Caro genießt auch ihre Auszeiten im Garten – am liebsten mit Eiskaffee und Kuchen!*

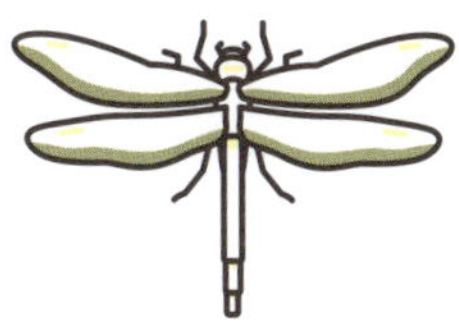

Ich sehe meinen Garten als einen guten Freund.

→ Caros Garten blüht im Sommer in voller Pracht und bietet Futter für zahlreiche Insekten.

→ Zwischen die vielen Beete mit bunten Blumen und verschiedenem Gemüse fügen sich die Spielecken der Kinder harmonisch ein.

→ An jeder Ecke gibt es etwas zu ernten.

→ Wenn der Lavendel blüht, ist er übersät von wunderschönen Schmetterlingen.

»Wenn der Genuss zu kurz kommt, verliert man langfristig die Freude am Garten. Ich betone in meinem Buch ganz besonders, dass man sich unbedingt Pausen gönnen soll, in denen man den Garten einfach nur genießt!«

Inzwischen drehen sich fünfzig Prozent ihres beruflichen Alltags um den Garten. Sie schreibt bebilderte Magazin-Artikel über das Gärtnern, gibt Online-Seminare, schreibt weiterhin ihren erfolgreichen Blog, vertreibt Gartenbedarf in ihrem eigenen Shop und hat inzwischen drei Gartenbücher veröffentlicht. ***»Natürlich hat sich durch die beruflichen Projekte ein ganz besonderes Verhältnis zum Garten entwickelt. Ich sehe ihn inzwischen als einen guten Freund, dem ich in den letzten Jahren ganz schön viel abverlangt habe. Da bekommt man fast ein schlechtes Gewissen und wünscht sich etwas Regenerationszeit für ihn!«***

DER TRAUM DER NEUEN LAUBE

Aber Caro hat in der Zukunft noch einiges vor. In den nächsten Jahren soll ihre Laube erneuert werden. Ein großes Projekt!

»Das Laubenprojekt schiebe ich nun schon so lange vor mir her, da immer etwas dazwischengekommen ist. Dabei freue ich mich schon sehr darauf, zukünftig auch die Nächte in meinem Garten verbringen zu können!«

Da immer klar war, dass die Laube langfristig abgerissen werden muss, weil sich die alte Substanz für eine Sanierung nicht eignet, hat Caro es sich dort zwar gemütlich gemacht, aber nicht in eine Renovierung investiert. Umso mehr freut sie sich auf die neue Hütte, die sie selbst entworfen hat – Caro ist nämlich ursprünglich gelernte Innenarchitektin.

»Ich hoffe, der Abriss und Neuaufbau fordern nicht meine schönen Beete. Ich bin da etwas traumatisiert, denn als der Stromanschluss in der jetzigen Laube installiert wurde, hat der Elektriker beim Legen des Kabelkanals den Garten förmlich dem Erdboden gleichgemacht. Anschließend konnte ich ganz von Neuem beginnen.«

Mulchen & Düngen mit Schafwolle

Caro hat seit einiger Zeit das Düngen und Mulchen mit Schafwolle für sich entdeckt. Besonders die verunreinigte Wolle vom Bauch und den Beinen bekommt man häufig günstig oder sogar umsonst, da sie ein Abfallprodukt ist und in der Kleidungsindustrie nicht verwendet werden kann.

Wolle enthält große Mengen an Nährstoffen wie Schwefel, Kalium, Stickstoff und Phosphor. Diese Nährstoffe werden bei der Verrottung durch Bakterien und andere Mikroorganismen aufgeschlossen und langsam, aber kontinuierlich an den Boden und die Pflanzen abgegeben. Zudem ist sie ein guter Wasserspeicher, da sie ein Vielfaches ihres Eigengewichts an Feuchtigkeit aufnehmen kann.

Man kann die Wolle also als Dünger, wie Hornspäne, in das Pflanzloch geben. Stauden, Gemüse, Gehölze und sogar Kübelpflanzen profitieren davon: Schafwolldünger ist ein universeller Langzeitdünger, lässt sich aber auch hervorragend als Mulch unter der Pflanze verteilen.

DAS GRÜNE BÜRO

Inzwischen sieht man davon zum Glück nichts mehr. Caros Garten ist ein Blütenmeer und es flattern zahlreiche Schmetterlinge auf dem riesigen Lavendel, der den Gartenweg säumt. Unabhängig von einem festen Arbeitstag in der Woche, an dem sich Caro in ihrem »grünen Büro« aufhält, liebt sie es natürlich auch, hier ihre Freizeit zu verbringen. Alleine oder mit ihren Töchtern, die hier toben oder ausruhen dürfen. Niemals müssen sie Gartenarbeit übernehmen. Das ist ihr sehr wichtig. Die Mädels dürfen sich hier entfalten und sollen den Garten als grünen Spielplatz sehen, so wie auch Caro ihn betrachtet.

Caros Rumtopf mit Beeren aus dem Garten

FÜR EINEN RUMTOPF: *500 g Beeren (z. B. Brombeeren, Himbeeren, Johannisbeeren, Stachelbeeren), 250 g Zucker, 1 Flasche hochprozentigen Rum | Der fertige Rumtopf passt perfekt zu Süßspeisen wie Eis, Pudding oder Milchreis. Aufgegossen mit trockenem Sekt, schmeckt er auch als Aperitiv richtig gut.*

1

Ernte die Beeren deiner Wahl frisch aus deinem Garten und wasche sie anschließend.

2

Gib den Zucker dazu.

3

Verteile den Zucker gleichmäßig auf den Beeren.

4

Gib die Beeren in den Rumtopf.

5

Fülle den Topf mit einer Flasche hochprozentigem Rum auf.

6

Lass den Rumtopf zugedeckt an einem dunklen und kühlen Ort mindestens zwei Monate stehen.

U L L A ⚘ S A N D R A

Finnisches Mökki

ca. 400 Quadratmeter

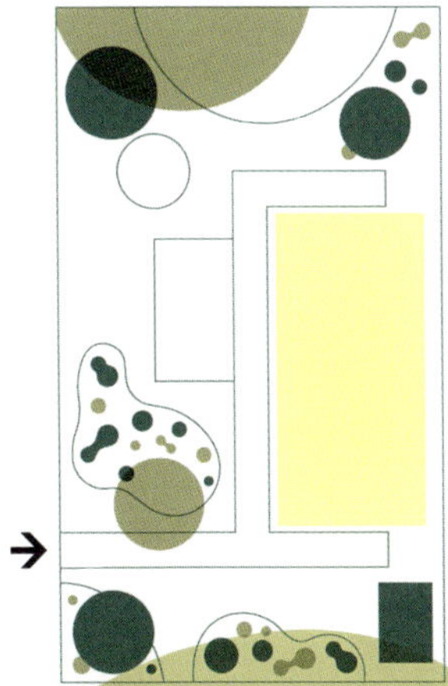

In unserem Naturgarten steht ein Mökki, fast so wie wir es aus Finnland kennen.

Ulla Doyen (Diplom-Designerin und Stylistin)
Sandra von Ahn (Anglistin, Finno-Ugristin & Rechtswissenschaftlerin)
Inhaberinnen des finnischen Lifestyle-Shops »Kaisu Mari«
GARTEN IN HAMBURG
instagram/kaisu.mari
www.kaisumari.de

Die Zwillingsschwestern Ulla und Sandra haben durch Zufall

ihr eigenes kleines finnisches Mökki in Hamburg gefunden und genießen seither jede freie Minute in ihrem Gartenparadies.

DIE TRADITION DER MÖKKI

In Finnland, dem Heimatland ihrer Mutter Kaisu, gehören die kleinen Ferienhäuser aus Holz zur Kultur. Ein Mökki dient der Erholung, besonders am Wochenende und in den Sommerferien, inzwischen aber auch gerne im Winter. Die meisten Mökki sind in ausreichend großem Abstand zum Nachbargrundstück errichtet und stehen oft am Ufer eines Sees und haben eine eigene Sauna. Sandra und Ulla haben in ihrer Jugend und Studienzeit im Sommer, aber auch im Winter viel Zeit in verschiedenen Mökki verbracht und die Nähe zur Natur und Zeit mit den liebsten Menschen genossen. ***»In Finnland findet eine Interaktion mit der Natur statt. Die Menschen nutzen die Natur zur Entschleunigung, sie gehen beispielsweise zum Sammeln von Beeren oder Pilzen in den Wald und sehen sich selbst als Teil des Ganzen«***, erklärt Sandra.

Als Ullas Lebensgefährte Sönke eines Tages einen Anruf des Kleingartenvereins erhält, bei dem er sich acht Jahre zuvor auf die Warteliste hatte setzen lassen, ist die Überraschung groß. Längst war die Bewerbung um das Grundstück in Vergessenheit geraten und die Freude über die spontane Möglichkeit, sich ein eigenes Mökki mitten in Hamburg zu schaffen, entsprechend groß. Sönke ist Bauingenieur und kommt durch seine Berufserfahrung bei Projekten sehr schnell ans Ziel. Auch die schöne Holzterrasse hat er im Nu gebaut. Inspiriert durch die Schönheit im Einfachen, die Ulla und Sandra durch ihre Mutter Kaisu schon seit ihrer Kindheit kennen, schaffen sie sich mit simplen Mitteln einen finnischen Wohntraum. Die Wände werden in zarten, hellen Naturtönen gestrichen und sie wählen geliebte alte Möbel oder

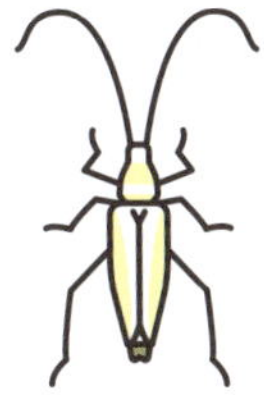

Der Garten ist einfach der perfekte Ort, um die Seele baumeln zu lassen.

→ *Sandra und Ulla lieben die Wildheit ihres grünen Naturgartens.*

Happy Homes

neue Fundstücke aus nachhaltigen Materialien für die Gartenlaube. Natürlich dürfen auch viele Produkte aus ihrem gemeinsamen finnischen Lifestyle-Laden »Kaisu Mari« einziehen. Den haben die Zwillingsschwestern vor drei Jahren von ihrer Mutter übernommen. Die Schwestern entscheiden sich, ihre bisherigen Jobs aufzugeben und in das Business ihrer Mutter einzusteigen – sie gründen von Hamburg aus ihren eigenen gleichnamigen Onlineshop.

EIN SCHREBERGARTEN FÜR DIE GANZE FAMILIE

»Natürlich gehört der Garten eigentlich Sönke und mir, aber wir mögen den Ansatz, dass hier jeder willkommen ist und mit uns gärtnert, der Spaß daran hat. Unser Garten ist ein Ort der Zusammenkunft für Familie und Freunde«, schwärmt Ulla.

→ *Ein reich gedeckter Tisch darf nicht fehlen!*

Ulla und Sandra nutzen das Kleinod besonders gerne für die Mittagspause, zum Ideensammeln für ihren Laden und natürlich als Test-Location für ihre fein kuratierten finnischen Produkte.

→ *Man kann ausschließlich mit Blumen und Blättern schöne Kränze binden, indem man den Stiel durch den »gespaltenen« Stiel der Vorgängerblüte zieht.*

»Unser eigenes kleines Mökki ist doch die authentischste Location für die wunderbaren Stoffe, Bücher oder Keramik aus Finnland. Wir nehmen neue Produkte immer gerne mit in den Garten, um sie besser kennenzulernen und in unserem Alltag dort zu verwenden«, erzählt Sandra.

Den Garten nutzen die Schwestern in erster Linie als Erholungsort. *»Wir bauen kein Gemüse an und belassen die Blumen in den Beeten gerne wild. Im Naturgarten darf wachsen, was wachsen möchte. So ähnelt der Garten den finnischen Vorbildern, und wir können die Zeit vor Ort nutzen, um zu lesen, Zeit mit der Familie zu verbingen und Energie zu tanken!«*

LAUSCHIGE ABENDE IN DER NATUR

Besonders gerne machen sie im Sommer Lagerfeuer im Garten und lassen die Abende gemütlich zusammen ausklingen. *»Der Garten ist einfach der perfekte Ort, um die Seele baumeln zu lassen. Die Kinder lieben es, hier zu toben, und wir machen es uns mit einem Buch oder guten Gesprächen gemütlich. Wir haben mit den Kindern schon viele schöne Momente erlebt. Alle lieben es, sich hier zu entspannen. Unser Traum wäre natürlich noch, eine Fass-Sauna und eine Outdoor-Dusche unter der großen Tanne zu realisieren. Dann fühlt es sich hier wie ein kleines Stückchen Finnland an«*, lacht Ulla.

Außerdem hätten sie gerne eine Außenküche, wo sie Beeren einkochen und ihre liebste finnische Pfannkuchentorte »Lettukakku« backen und dabei trotzdem an der frischen Luft sein können. Pläne und Ideen haben die beiden mehr als genug, aber das Wichtigste ist für sie, den Ort in der Natur zu genießen und die Gerüche und Gefühle voll auszukosten!

Finnischer Mittsommer mit Ulla und Sandra

Ende Juni feiert man in Finnland Mittsommer (Juhannus) und zelebriert den längsten Tag im Jahr! Ulla und Sandra verraten ihre ganz persönlichen Juhannus-Tipps:

»Seljankukkamehu« (Holunderblütensirup)

Er gehört zu dem Sommer-Mökki wie Birkenreisig, selbst gefangene Fische und finnische Erdbeeren. Aufgegossen mit Sekt oder Apfelcidre, ist »Seljankukkamehu« das beste Sommergetränk!

15–20 Holunder-Blütendolden, 1,2 kg Birkenzucker, 1,5 l Wasser, Saft von 2 Zitronen, ggf. einige Bio-Zitronen in Scheiben (Soll der Sirup sehr lange halten: ein wenig Ascorbinsäure hinzugeben)

Die Blüten eine Weile in der Schüssel stehen lassen, damit kleine Tierchen sich daraus retten können. Dann die Stiele, soweit möglich, abschneiden und waschen. Das Wasser aufkochen und den Zucker darin auflösen. Etwas abkühlen lassen, dann die Blütendolden und den Zitronensaft hinzugeben. 48 Stunden zugedeckt ziehen lassen, am besten im Kühlschrank oder Keller, und ggf. zwischendurch umrühren. Ein Sieb auf einen Topf setzen, mit einem Leinen- oder Mulltuch auslegen und den Sirup dadurch abgießen. Noch einmal aufkochen und in heiß abgespülte Flaschen füllen. Den Sirup am besten im Kühlschrank aufbewahren.

»Lettukakku«

(Pfannkuchentorte)

Sommer in Finnland bedeutet auch Pfannkuchenzeit! Am liebsten werden sie im Freien über offenem Feuer gebacken.

400 g Dinkelmehl, 750 ml Hafermilch, 1 Prise Salz, 3 Eier, 1 Becher Schlagsahne, 1 Becher Schmand, 1 Packung Vanillezucker, frische Erdbeeren, Butter zum Ausbacken

Alle Zutaten zu einem flüssigen Teig verrühren und diesen ca. 30 Minuten stehen lassen. Dann mit der Butter in einer Pfanne portionsweise ausbacken. Die Pfannkuchen abkühlen lassen. In der Zwischenzeit die Schlagsahne steif schlagen und vorsichtig mit dem Vanillezucker und dem Schmand vermischen. Zum Schluss jeweils einen Pfannkuchen mit der Creme bestreichen, mit Erdbeeren belegen (zu große Erdbeeren durchschneiden) und so bis zur gewünschten Höhe aufstapeln. Mit einer Schicht Creme und Erdbeeren abschließen.

»Taito Pirkanmaa«
(Papiergarn)

Als Dekoration zu Mittsommer werden in Finnland Birkenzweige mit buntem Papiergarn geschmückt.

Birkenzweige, große Vase, »Taito Pirkanmaa« in unterschiedlichen Farben
Das Papierband aus Tampere wird in Finnland zum Basteln oder Häkeln verwendet. Das bunte Garn an den Enden auseinander drehen und aufzwirbeln, dann an den feinen Ästen der Birke fixieren und diese in eine Vase stellen.

1952

KATTI ꝏ JENNI

Genussgarten

ca. 300 Quadratmeter

Es war Liebe auf den ersten Blick!

⟶ *Katrin Maiwald {Praxis-Managerin}*

Jenni Scharlau {Technical Consultant}

GARTEN IN DÜSSELDORF

instagram/juniwiese_

Katti und Jenni waren schon einige Male im Kleingarten ihrer Nachbarin

und 89-jährigen Freundin Annemi zu Besuch, als sie in eine neue Wohnung zogen, die sich zufällig genau neben diesem Kleingartenverein befand. Zwar hatte Katti zu diesem Zeitpunkt einen Gemüseacker, den sie gemeinsam mit ihrem besten Freund Jan bewirtschaftete, aber ein Schrebergarten war, im Gegensatz zum Gemüseacker, die perfekte Kombination aus Arbeit und Entspannung. Immer wieder schlichen die beiden durch den Kleingartenverein und zeigten sich gegenseitig ihre liebsten Parzellen. Kattis Traumgarten war eine verwunschene Parzelle mit Spalierobst und Hunderten kleiner blauer Traubenhyazinthen, die im Frühjahr den gesamten Garten schmückten. ***»Es war Liebe auf den ersten Blick«***, schwärmt sie. Also meldeten sie sich bei dem Kleingartenverein als passive Mitglieder an und bekamen schon ein knappes Jahr später die Rückmeldung, dass ein Garten zur Übernahme stünde. Sie staunten nicht schlecht, als sie bei der Besichtigung vor ihrer Traumparzelle standen.

Jenni war etwas realistischer und sah neben all der verwunschenen Romantik vor allem einen Garten, in den noch sehr viel Arbeit und Geld gesteckt werden musste. Dennoch konnte Katti sie überzeugen, den Garten als neues gemeinsames Projekt zu sehen. Sie hatten relativ schnell den Deal, dass es keinen »Gartenzwang« geben durfte.

Jenni wollte sich die gemütlichen Nachmittage auf dem eigenen lauschigen Balkon erhalten, ohne ein schlechtes Gewissen zu haben, die Stunden nicht im Garten zu verbringen.

→ In Kattis und Jennis Garten entdeckt man an jeder Ecke kleine, liebevolle Stillleben.

→ Das Gemüse wächst in Hochbeeten und im alten gläsernen Gewächshaus.

→ Viele Projektideen kommen den beiden spontan in den Sinn – so auch das Insektenhotel.

→ Mit einem Glas Wein durch die Beete wandern …

In den ersten Monaten wurde vor allem Müll entfernt. Im Laufe der vergangenen Jahre haben die beiden dann Stück für Stück Projekte wie das Renovieren der Laube oder das Bauen der Holzterrasse umgesetzt. Inzwischen sind sie unglaublich dankbar für einen Ort der Ruhe, der fußläufig nur fünf Minuten von ihrem Zuhause entfernt liegt.

»Oft verbringe ich den Morgen vor der Spätschicht im Garten oder fahre nach der Frühschicht am Nachmittag direkt hierher. Dann fühlt es sich schon nach ein paar Stunden an, als hätte ich an dem Tag gar nicht gearbeitet.« Katti hat eine ganz besondere Verbindung zu ihrem Garten. Ihr Opa war selbst passionierter Schrebergärtner und somit sind mit den Geräuschen und Gerüchen ihres Gartens viele Kindheitserinnerungen verknüpft.

→ *Ein absoluter Lieblingsplatz ist im Schatten der gelben Knorpelkirsche.*

DAS ROTKEHLCHEN

»Eines Abends saß ich im Garten und hörte ein lautes Rotkehlchen, das ich vorher noch nie im Garten gesehen hatte. Es war unglaublich zutraulich

und verbrachte den ganzen Abend in unserer Nähe. Anschließend habe ich erfahren, dass an diesem Abend mein Opa verstorben ist. Immer wenn wir nun das Rotkehlchen sehen und hören, habe ich die Assoziation, dass mein Opa in Form dieses Vögelchens auf meinen Garten aufpasst, uns beim Gärtnern beobachtet und uns einfach nah ist. So ein schöner und tröstender Gedanke.«

Wenn man durch Kattis und Jennis Garten streift, denkt man an ein modernes Bullerbü: Viele wilde Pflanzen und Stauden in zarten Blau-, Weiß- und Rosatönen wachsen am Staketenzaun, das Haus leuchtet in gemütlichem Schwedenrot, überall sieht man schöne kleine Stillleben, die an einen Bauerngarten erinnern.

Katti ist im Grünen für die kreativen Ideen zuständig. Sie hatte schon früh eine Vorstellung, wie der Garten einmal aussehen soll. Zwar gab es kein stringentes Konzept, aber die Farbgestaltung wurde versucht, so gut es geht durchzuhalten. Rot, Gelb und Orange mussten aus den Beeten weichen. Jenni hat sich zu Beginn als Erstes

→ *Katti und Jenni kochen im Garten noch viel lieber als zu Hause.*

→ *Der Wintergarten ist Esszimmer oder kleine Fahrrad-Werkstatt – je nach Laune.*

→ *Das Spalierobst zwischen Garten und Laube bietet einen lauschigen Sichtschutz und schützt die Holzterrasse vor neugierigen Blicken.*

Schon nach ein paar Stunden im Garten fühlt es sich an, als hätte ich gar nicht gearbeitet.

mit der Renovierung der Laube beschäftigt und gärtnert inzwischen auch gerne – sie ist an der neuen Aufgabe gewachsen und inzwischen sehr glücklich, dass Katti sie zum Gartenprojekt überredet hat.

Sie lieben besonders die Abende im Garten, wenn die meisten Parzellenbesitzer nach Hause gegangen sind und das Licht golden durch die Bäume glitzert. Oft haben sie dann Freunde zu Besuch, trinken gemeinsam Wein oder backen Pizza, aber sie genießen auch stille Zweisamkeit, wenn sich die abendliche Ruhe über die Kleingartenanlage legt. Außerdem träumen sie davon, zukünftig den Spitzboden der Laube auszubauen und eine Schlafebene zu ergänzen. Zwar sind es nur wenige Minuten zu Fuß, aber morgens im Garten aufzuwachen und mit dem ersten Kaffee in der Hand durch den Tau zu laufen, wäre schon etwas sehr Besonderes.

Kattis glutenfreie Pizza vom Grill

FÜR 4 PERSONEN: *35 g frische Hefe in 300 ml lauwarmem Wasser auflösen, 375 g glutenfreie Mehlmischung, ½ TL Flohsamenschalen, 1 TL Salz, 1 Prise Zucker und 2 EL Olivenöl zu einem glatten Teig verarbeiten.*

1

Den Teig circa 30 Minuten ruhen lassen.

2

Anschließend in mehrere Bällchen (faustgroß) teilen.

3

Aus jedem Bällchen einen dünnen Pizzateig rollen (z. B. mit einem Nudelholz, aber eine Weinflasche funktioniert auch).

4

Mit frischer Tomatensauce bestreichen (nicht zu viel, damit diese nicht auf den Pizzastein läuft), nach Wahl belegen und mit Käse bestreuen.

5

Die Glut muss gut angefeuert werden und der Pizzastein dann circa 40-45 Minuten erhitzt werden. Dies ist der richtige Zeitpunkt, um die Pizza (für nur 3-5 Minuten) zu backen. Dafür den Deckel unbedingt schließen.

6

Am geselligsten ist es, wenn die Pizza direkt auf den Tisch kommt und sich jeder ein Stück nehmen kann. Alle dürfen dann einmal selbst Pizza backen und ihre liebste Überraschungspizza für die anderen belegen. Der Fantasie sind keine Grenzen gesetzt. (Übrigens, als Dessert schmeckt auch eine Pizza mit Schokolade und Beeren aus dem Garten köstlich).

SPEAR & JACKSON

LEA & MATTHIAS

Naturnah gärtnern

ca. 230 Quadratmeter

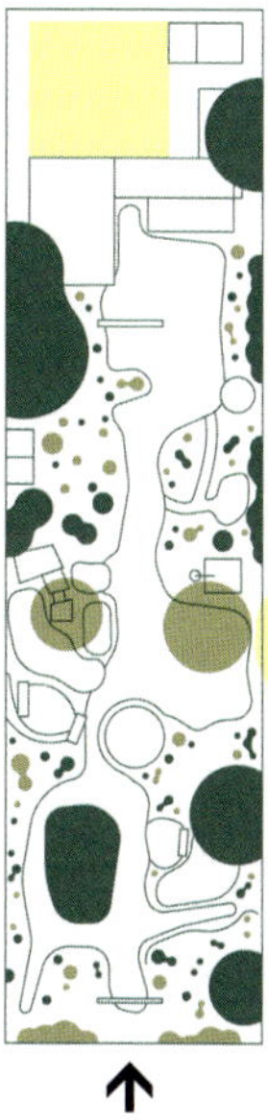

Wir genießen das beruhigende Plätschern an den unterschiedlichen Ecken unseres Gartens.

⟶ *Lea Korzeczek {Innenarchitektin}*
Matthias Hiller {Produktdesigner}
mit Joseph & Jovin
GARTEN IN LEIPZIG
instagram/studiooink
www.studiooink.de

Wenn man durch das hölzerne Tor in den Garten von Lea und Matthias eintritt,

weiß man gar nicht, wohin man zuerst schauen soll. Der Naturgarten scheint wie ein kleines Paralleluniversum zum hektischen Alltag in der Stadt – nur ein paar Straßen entfernt.

DIE LAUBENLIEBE FÜHRTE ZUM »GARTENTAUSCH«

Wildblumen säumen den Weg entlang plätschernden Wassers, kleiner Spielecken der Kinder, Beerensträuchern, Stillleben aus Steinen und Pflanzen und unterschiedlicher Sitzgelegenheiten bis zum charmanten Holzhaus mit Satteldach.

Das Haus war der Grund, warum sich Lea und Matthias entschieden, ihren vorherigen Schrebergarten (nur ein paar Gärten entfernt) gegen den vernachlässigten und zugewucherten Garten einzutauschen, aus dem sie seither Stück für Stück ihre Ruheoase meißeln.

Ihren ersten Garten übernahmen sie 2015 von einem Freund. Matthias kommt ursprünglich aus einer Schrebergarten-Familie. Somit war der Gedanke, einen Garten zu pachten, nach dem Umzug von Wiesbaden nach Leipzig und der Geburt ihres ersten Sohnes Joseph fast schon natürlich. Zu dieser Zeit konnte man sich die Gärten in Leipzig noch aussuchen – inzwischen gibt es selbst in der »Schrebergarten-Hauptstadt« mit 6,2 Kleingärten pro 100 Einwohnern bei den begehrten Anlagen Wartelisten.

»Vielen Freunden und Bekannten haben wir im Laufe der letzten Jahre Gärten vermittelt. Inzwischen sieht man auf dem Heimweg über die Hecken lauter bekannte Gesichter. Das ist so schön«, erzählt uns Lea bei einem gemütlichen Kaffee am roten Holztisch.

Für Lea und Matthias, die zusammen in ihrem Studio für Innenarchitektur arbeiten und sich während des Studiums kennengelernt haben, ist der fünf Minuten

Es ist verrückt, wie sich der Garten entwickelt, wenn man ihn lässt.

entferte Garten die perfekte Lösung. »**Wenn Matthias morgens mit Jovin in den Garten geht, habe ich ein paar Stunden Zeit zu arbeiten, dann lösen wir uns ab. Nachmittags verbringen wir hier die Zeit zusammen als Familie – auch im Winter.**« Lea und Matthias lieben es, alle Jahreszeiten bewusst wahrzunehmen. Aber am liebsten haben sie den Frühsommer, wenn der Garten jeden Tag anders aussieht und es noch nicht so heiß ist, dass man sich vor der Sonne im Schatten verstecken muss.

SAATGUT SAMMELN

Inzwischen ist der Garten genau so, wie Lea und Matthias ihn sich erträumt haben. Organische Formen, ehrliche Materialien und viele Blumen in gedeckten Tönen, die in den unterschiedlichsten Höhen und Formen wachsen und dem Garten einen ursprünglichen Charakter geben.

Matthias erzählt: »**Wenn mir unterwegs beim Spazieren eine Wildblume begegnet, die spannend aussieht, nehme ich Saatgut und säe es anschließend in unserem Garten aus. Es ist verrückt, wie sich der Garten entwickelt, wenn man ihn lässt. Wir hatten beispielsweise in diesem Jahr überall im Beet Tomatenpflänzchen, die wir dort nicht gepflanzt haben. Es ist so schön zu beobachten, wie unterschiedlich die Beete von Jahr zu Jahr aussehen!**«

WASSERPLÄTSCHERN

Neben Artenvielfalt in den Beeten lieben Lea und Matthias Wasserstellen in ihrem Garten. Kleine Solarpumpen plätschern in den runden Stahlbecken, die sie sich extra haben anfertigen lassen.

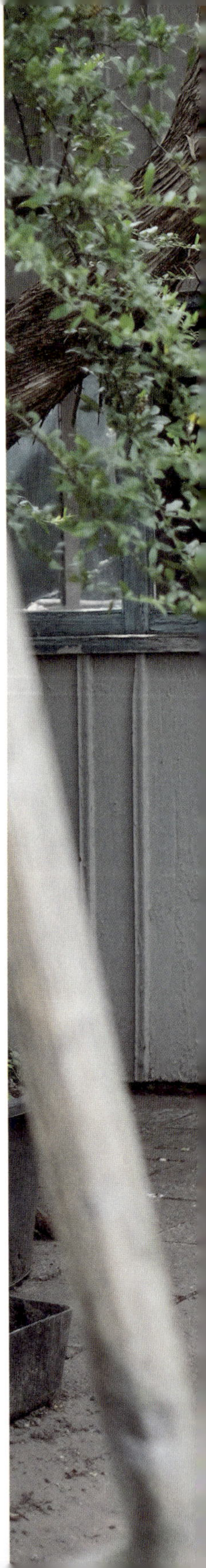

→ *Auf dem hellen und offenen »Dachboden« finden sich viele Kissen, Decken und Felle zum Kuscheln.*

→ *Der Garten wirkt durch die vielen verwunschenen Ecken viel größer als rund 230 Quadratmeter.*

→ *Lea und Matthias versuchen, sämtliche Materialien, die sie finden, wiederzuverwenden. Aus Betonplatten bauen sie kleine Sitzplätze.*

»Damit kein Risiko für die Kinder entsteht, haben wir diese so konzipiert, dass das Wasser, trotz der Höhe der Becken, nicht tief ist.«

Durch den eingezogenen Boden ist es auch möglich, dort die Pumpe, Pflanzen und Steine zu platzieren. Das Geräusch des plätschernden Wassers hat eine beruhigende Wirkung und verbindet mit der Natur und dem Ursprung allen Lebens.

Bei der Sanierung ihrer Laube haben Lea und Matthias als Erstes den Spitzboden ausgebaut und den Innenraum hell gestrichen. Sie haben möglichst viele Materialen anderweitig verarbeitet und etwas Neues daraus gebaut.

»Im Gegensatz zu unserem Job, wo wir auf Wunsch der meisten Kunden häufig Materialien wählen, die haltbar und widerstandsfähig sind, lieben wir es privat, Materialien zu verwenden, die sich im Laufe der Zeit verändern und Patina bekommen. Wir genießen es, im Garten ausschließlich natürliche Materialien zu gebrauchen«, erzählt Matthias.

Aus alten Wegplatten haben die beiden mehrere kleine Sitzgelegenheiten gebaut. Dafür haben sie diese vertikal eingegraben und eine horizontale Platte als Sitz aufgelegt.

Um den cleanen Look der Betonsteine abzumildern, haben sie diese außerdem zerbrochen und dann wieder als Bodenplatten eingegraben. So fügen sie sich natürlich in die Umgebung ein und wurden wiederverwertet.

»Ich liebe unseren Garten, aber ich verbringe auch sehr gerne Zeit in unserer Laube. Deshalb haben wir ein großes Fenster in die Küche einbauen lassen. Wenn ich dort meinen Tee aufgieße, schaue ich in den Garten und erfreue mich an dem weiten, wilden Ausblick«, erzählt Lea. ***»Eine Hollywoodschaukel würden wir uns noch wünschen. Den Tag sanft schaukelnd an sich vorbeiziehen zu lassen, das wäre eine tolle Ergänzung.«***

Leas Kräuter- und Blütentee

LEAS LIEBSTE PFLANZEN FÜR TEE: *Pfefferminze, Frauenmantel, Schafgarbe, Zitronenverbene, Zitronenmelisse, Holunder, Rosenblüten, Kornblume, Ringelblume, Sonnenblume, Lavendel, Rosmarin, Erdbeerblätter, Brombeerblätter, Himbeerblätter, Malve, Hagebutten*

Im Sommer trocknet Lea die Blüten und Blätter unterschiedlicher Pflanzen aus ihrem Garten, um daraus Kräutertees für die kalte Jahreszeit herzustellen. Man kann die Blätter und Blüten vieler Stauden, Einjähriger sowie Beerensträucher zu Tee verarbeiten. Sie liebt es, mit den unterschiedlichen Aromen zu experimentieren. Dazu werden die Blätter und Blüten geerntet, bevor sie verblühen, und auf einem Baumwolltuch zum Trocknen ausgebreitet.

Kräutertee »Entspannung«

Lavendel
Brennnessel
Rosenblüten
Kamille

Kräutertee »Vitalisierung«

Zitronenverbene
Pfefferminze
Ringelblume
Rosmarin

BEN

Märchenhafter Bauerngarten

ca. 240 Quadratmeter

Ich liebe es, alleine zu sein, und mir gefällt die entspannte Ruhe meines Gartens.

→ *Ben Mayer {Hair- & Make-up-Artist}*
Keramiklabel neonbeige
GARTEN IN MÜNCHEN
instagram/_neon_beige_
www.neonbeigekeramik.de

Wenn man auf dem kleinen Kiesweg durch Bens atemberaubend schöne Staudenbeete flaniert,

fühlt man sich wie in einer verwunschenen Märchenwelt. Schon bevor er den Garten übernommen hatte, träumte Ben von einem Bauerngarten mit einer großen Vielfalt an Pflanzen, Kieswegen und einem Wegekreuz.

Als er bei einer Wohnungsbesichtigung für einen Freund den Schrebergartenverein im Münchener Südwesten entdeckt, verliebt er sich in die naturnahen und etwas wilden Gärten. Zwar ist die Warteliste eigentlich voll, seine Hartnäckigkeit und die monatlichen Anrufe machen sich allerdings nach kurzer Zeit bezahlt und er ergattert einen der begehrten Wartelistenplätze. Nach einem Jahr klingelt das Telefon und Ben sieht zum ersten Mal den Garten, der inzwischen sein zweites Zuhause geworden ist.

BENS TRAUM VOM BAUERNGARTEN

Die erste Amtshandlung (die Ungeduld lässt ihn schon bei frostigen Temperaturen starten) ist die Umstrukturierung der Beete. Er entfernt die gesamten Stauden (um sie später an einem anderen Ort wieder einzubuddeln) und erschafft eine Bauerngarten-Struktur, für die er die alten Wege entfernt und neue setzt.

In seinen Beeten wachsen nicht nur prachtvolle Stauden in allen Farben, sondern auch einige Einjährige und viele unterschiedliche Gemüsepflanzen. Er schafft es, die 240 Quadratmeter Garten in ein blühendes Paradies zu verwandeln.

Schon im zweiten Gartenjahr gewinnt Ben einen Preis für den »am besten bewirtschafteten Garten im Münchner Südwesten« und ist spätestens seitdem ein bekanntes Gesicht in seiner Schrebergartenkolonie. Während wir auf seiner Terrasse sitzen und Kaffee trinken, erzählt er, dass ein reger Austausch mit den Nachbarinnen und Nachbarn besteht und schon enge

→ Ben zwischen Blättern und Blüten – Pflanzen sind seine Leidenschaft.

→ Durch die schmalen Kieswege, die Ben am Anfang angelegt hat, wirkt der Garten verwunschen.

→ Die Blumentöpfe für sein Gartentor hat Ben selbst getöpfert.

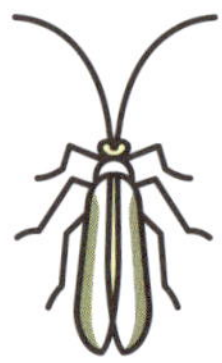

Wenn ich im Garten schlafe, genieße ich die Dämmerung genauso wie den jungen Morgen.

Freundschaften entstanden sind. Die Kinder aus dem Nachbargarten kommen vorbei und besuchen »Onkel Ben« und in der Dämmerung verabschiedet sich jeder bei ihm. Seit zwei Jahren ist er sogar im Vorstand und darf mitentscheiden, wer auf die Warteliste kommt. ***»Wir wünschen uns, dass unser Gartenverein diverser wird. Natürlich sind Familien mit Kindern willkommen, aber auch jeder, der einfach richtig Lust aufs Gärtnern hat!«***

GESAMMELTES INTERIOR

In Bens Garten könnte man Tage verbringen und würde dennoch immer wieder Neues entdecken: Er ist ein Sammler und liebt skurrile Fundstücke, Mitbringsel und Geschenke. Diese inszeniert er in seiner Laube.

→ *Ben hat in seinem Garten zwei Bienenvölker. Er entnimmt den Honig ausschließlich zum eigenen Verzehr.*

»Der große Vitrinen-Schrank war schon vor mir im Garten. Ich habe ihn hell lackiert. Ein paar Kleinigkeiten durften bleiben, ansonsten habe ich radikal ausgemistet und dann zuerst – schon im Winter, als ich den Garten übernommen habe – den Innenraum hell lackiert.«

→ An seinem Gasherd kocht Ben Kaffee, aber auch leckere Kürbissuppe.

→ In Bens Hütte sammeln sich Gefundenes, Geschenktes und Mitgebrachtes.

→ Bens Bett steht direkt am Fenster und er hat einen fantastischen Ausblick in seine Staudenbeete.

→ Neben getrockneten Blumen stehen bei Ben auch immer frische Schnittblumen in der Laube.

Ben liebt Möbel mit Atmosphäre und Geschichte. Viele Fundstücke hat er aus Antiquitätengeschäften. In den vergangenen Jahren hat sich dann einiges angesammelt und wurde von ihm zu einem Gesamtkunstwerk arrangiert.

In jeder Ecke seines Garten spürt man Bens Sinn für Ästhetik. Beruflich arbeitet er als Hair- & Make-up-Artist und ist somit viel unterwegs. Um zwischendurch runterzukommen, ist er im Sommer im Garten. Wenn es kühler wird, arbeitet er in seinem eigenen Atelier, in dem er Steingut an der Drehscheibe herstellt. Viele Tassen, Schalen und Teller in seiner Gartenlaube stammen aus seiner Hand.

Während ihm bei seinen blühenden Pflanzen alle Farben willkommen sind, wählt er für die Laube und die Terrasse ausschließlich natürliche Töne. Seine Regale zieren Stillleben aus Kerzen, Geweihen, getrockneten Blumen, Korallen, Bienenwaben, Keramik und Bilderrahmen. Wenn es dunkel wird, zündet er viele Kerzen in und um die Laube an und der Garten verwandelt sich in einen gemütlichen Rückzugsort.

→ *Die Möbel hat Ben teilweise übernommen oder Secondhand gefunden.*

STIMMUNGVOLLE ABENDE

»Wenn ich abends alleine im Garten bin, mache ich es mir gemütlich und lasse den Abend ausklingen. Ich liebe es, im Garten zu schlafen. Dann genieße ich die ruhige Dämmerung genauso wie den jungen Morgen!«

Sein Bett hat Ben so vor das Fenster gestellt, dass er morgens mit dem ersten Kaffee im Bett in seine üppig blühenden Beete blicken kann.

»Ich liebe es, alleine zu sein, und mir gefällt die entspannte Ruhe meines Gartens. Häufig fragen mich Freunde, warum ich sie nie in den Garten einlade. Ich entgegne dann immer: ›Ihr müsst mich einfach besuchen kommen!‹ Da ich meistens im Garten arbeite und wenig in der Hängematte liege, fehlt es mir einfach an der Zeit, großer Gastgeber zu sein.«

Wenn Ben im Sommer viel arbeiten muss und nach einer langen Reise das erste Mal wieder in den Garten kommt, möchte er am liebsten wieder umdrehen. Ein Garten ist halt doch enorm viel Arbeit – ganz besonders, wenn man so ein anspruchsvoller Perfektionist ist wie Ben.

Wenn die vielen reifen Beeren und das Gemüse danach schreien, verarbeitet zu werden, und ihm einfach die Zeit dazu fehlt, dann kommen manchmal die Zweifel. Aber nur kurz. Denn eigentlich weiß er, dass er ohne sein kleines Paradies nicht mehr sein kann. Nur für ein kleines Landhaus könnte er sich vorstellen, seinen Gartentraum abzugeben.

Bens herbstlicher Gartenkranz

FÜR EINEN KRANZ: *Frische Haselnuss-Äste, feiner Draht, Blumenschere, Seitenschneider, diverse Blüten und Blätter aus dem Garten, zum Beispiel: Salbei, Gräser, Hortensie, Hagebutten, Fette Henne, Wiesenknopf oder Goldrute*

1

Sammle allerlei Blüten und Blätter in deinem Garten.

2

Kürze diese auf circa 10 cm.

3

Befreie 3-4 biegsame Haselruten von Blättern und Ästchen und biege sie zu einem Ring, den du mit Draht fixierst.

4

Nun beginnst du, aus den Blüten, Gräsern und Blättern kleine Sträuße zu bündeln und fixierst diese am Haselnussring. Schneide den Draht dabei zu keiner Zeit ab, sondern wickle ihn immer wieder um das nächste Sträußchen.

5

Achte darauf, dass die Stiele immer in die gleiche Richtung zeigen. Lege die Blüten der Sträußchen auf die Stiele der vorherigen Sträuße, um diese zu verdecken.

6

Besonders schön wird der Kranz, wenn du Blüten, Blätter und Gräser regelmäßig abwechselst. Schneide zum Schluss den Draht ab und mache mit dem Rest einen Knoten. Du kannst den Kranz aufhängen oder mit einer Kerze in der Mitte auf deinen Tisch legen.

ANJA ꝏ ANDREAS

Doppeltes Gartenglück

ca. 700 Quadratmeter

Wir lieben unseren Garten. Es gibt keinen Ort, an dem wir lieber sind!

→ *Anja Klein {Autorin}*

Andreas Lauermann {Fotograf}

GARTEN IN KÖLN

instagram/derkleinehorrorgarten

www.der-kleine-horror-garten.de

Elf Jahre »Kleiner Horrorgarten«, wie Anja und Andreas ihren Schrebergarten liebevoll nennen!

Seit letztem Jahr feiern die beiden den Geburtstag ihres Gartens nicht mehr nur zu zweit, sondern laden viele andere Schrebergärtnerinnen und -gärtner zu sich nach Köln ein, um zusammen zu fachsimpeln, sich auszutauschen oder einfach eine fröhliche gemeinsame Zeit zu haben. »Der kleine Horrorgarten« ist für die beiden inzwischen weit mehr als einfach ein Schrebergarten. Er ist quasi ihr Arbeitgeber. Und das, obwohl Anja Andreas anfangs sehr vom Schrebergartenglück überzeugen musste.

VOM ACKER ZUM SCHREBERGARTEN

Als Anja ihren eigenen kleinen Teeladen aufgeben musste und ihr zu Hause die Decke auf den Kopf fiel, pachtete sie sich kurzerhand einen Acker zum Gemüseanbau. Anja war schon immer glücklich, wenn sie mit den Händen in der Erde graben konnte. Der Acker half ihr dabei, Zeit an der frischen Luft zu verbringen, sich körperlich zu betätigen, eine große Wertschätzung für Lebensmittel zu entwickeln und schließlich auch, ihre Gedanken zu sortieren.

»Nach einer Saison wusste ich: Ich will noch mehr! Mir genügt die Möglichkeit, ausschließlich Gemüse anzubauen, nicht mehr, sondern ich sehne mich nach einem Ort, den ich langfristig gestalten kann und der zum Verweilen einlädt.«

Deshalb ging Anja auf die Suche nach einem Schrebergarten und hatte Glück. Genau in dem Augenblick, als sie beim Vorstand vorstellig wurde, brachte jemand den Schlüssel seines Gartens vorbei, den er abgeben wollte. Anja schaute sich den Garten spontan an und fackelte nicht lange: Die großen alten Bäume überzeugten sie sofort. Auch Andreas ließ sich trotz seiner Bedenken schließlich überzeugen.

→ *Die sommerlichen Abendstunden genießen Anja und Andreas hier ganz besonders!*

→ *Die 700 Quadratmeter bieten Platz für Blumen, Gemüse, Obst und Sitzecken zum Genießen.*

→ *Die Bienen sind Anjas Leidenschaft und tragen ganz nebenbei zu einer größeren Ernte bei.*

→ *In der kleinen Outdoor-Küche vor ihrer Laube wird nachmittags Kaffee gekocht.*

→ *Der verwunschene Garten hat in jeder Ecke lauschige Sitzplätze.*

Beide gingen sofort auf in ihrem neuen Projekt. Sie legten die Parzelle völlig neu an und gestalteten einen abwechslungsreichen Garten mit vielen unterschiedlichen Gemüse- und Blumenarten.

Ihr liebstes Gartenprojekt in den vergangenen Jahren und größter Stolz ist allerdings das selbst gebaute Gewächshaus. ***»Ich hatte dieses Bild im Kopf und habe einfach über einen längeren Zeitraum für kleines Geld unterschiedliche Holzfenster gesammelt. Als wir genug Fenster gefunden hatten, haben wir einfach Tetris gespielt, sie zu einem Mosaik zusammengesetzt und mit Holzbalken miteinander verbunden. Andreas war erst skeptisch und hinterher total begeistert, wie klasse das Projekt funktioniert hat. Das war der Start seiner Handwerkerkarriere«***, lacht Anja.

→ *Die Bank an der Feuerstelle ist am Abend ihr Lieblingsplätzchen.*

GARTENINSPIRATION ALS KARRIERESTART

Der Garten wirkte inspirierend auf die beiden, und Anja begann neben den Food-Texten, die sie beruflich schrieb, auch Gartentexte zu verfassen. Ein paar davon nahm

→ *Besonders die Abendsonne scheint hier wunderschön durch die alten Fenster.*

→ *Das schöne Gewächshaus aus alten Fenstern ist Anjas und Andreas' ganzer Stolz und dient im Alltag zum Trocknen diverser Blumen und Kräuter.*

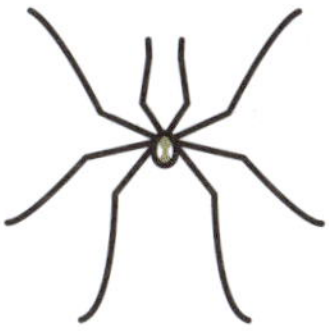

Wenn wir im Sommer beruflich unterwegs sind, freuen wir uns immer wahnsinnig auf die Rückkehr in unseren Garten.

sie bei dem nächsten Besuch auf die Buchmesse in Frankfurt mit, zeigte sie ein paar Verlagen und kam total überraschend mit einem Vertrag zu ihrem ersten Gartenbuch wieder nach Hause. Das war der Impuls für die nachfolgenden Erfolgswellen.

Inzwischen arbeiten Anja und Andreas als Dreamteam zusammen – Anja als Redakteurin und Andreas als Fotograf. Sie schreiben einen Blog über »den kleinen Horrorgarten« und außerdem Beiträge für diverse Magazine. Man könnte meinen, dass sie den Garten irgendwann einmal sattha-ben, da sie sich so viel mit ihm beschäftigen – aber das Gegenteil ist der Fall.

DOPPELTES GARTENGLÜCK

»Wie hatten einige Schwierigkeiten mit unserem Nachbarn, der kein Fan unserer Bienen war. Als er seinen Garten schließlich abgab, ergriffen wir die Chance und übernamen ihn kurzerhand«, erzählt Andreas. Zusammen misst das Grundstück nun 700 Quadratmeter und beinhaltet neben den beiden kleinen Lauben und den Bienen zwei wunderschöne selbst gebaute Gewächshäuser aus alten Fenstern, zahlreiche Beete und Hochbeete, einen Wicken-Tunnel vom einen in den anderen Garten, viele gemütliche Sitzgelegenheiten, eine große Feuerstelle mit vielen Holzbänken und vieles mehr. Der Garten verändert je nach Jahreszeit seinen Look, leuchtet aber von der frühen Blüte der Tulpen bis zu den späten Herbstastern in jedem Monat in vielen kräftigen Farben.

»Wir lieben unseren Garten. Es gibt keinen Ort, an dem wir lieber sind. Aber irgendwann im Herbst kommt der

→ Der Tunnel wird jedes Jahr mit Duftwicken berankt und führt vom einen in den anderen Garten.

→ Katze Lulu fühlt sich im Schrebergarten ganz zu Hause und liebt es, in die Bäume zu klettern.

Augenblick des Abschieds und dann kippt meine Motivation. Dann ist es auch okay, eine Auszeit vom Garten zu haben und sich auf den Neuanfang im Frühjahr zu freuen.« Anja und Andreas lieben es, den Herbst und Winter zu nutzen, um in die Sonne zu reisen. Sie träumen davon, irgendwann die gesamten Wintermonate mit einem Camper unterwegs zu sein und die warmen Monate in ihrem Garten zu verbringen.

»Wenn wir im Sommer beruflich unterwegs sind, freuen wir uns immer wahnsinnig auf unseren Garten, den wir dann meistens schrecklich vermissen!« Da Anja und Andreas jede freie Minute in ihrem kleinen Paradies verbringen, haben sie ihre Katze Lulu daran gewöhnt, sie in den Garten zu begleiten. ***»Sie fährt sogar in einem Körbchen auf dem Fahrrad mit uns mit und genießt die Zeit im Garten genauso sehr wie wir«***, erzählt Andreas und freut sich darüber.

Momentan überlegen die beiden, ob sie langfristig eine neue Laube in den Garten setzen, um sich ein richtiges Wochenend-Domizil zu schaffen: ***»Aber ehrlich gesagt verbringen wir die Zeit am liebsten draußen!«*** An Ideen mangelt es zumindest nicht und vielleicht erfüllen Anja und Andreas sich diesen Traum eines Tages.

→ *In den vielen Beeten wachsen Blumen und Gemüse.*

Anjas beste Dahlien-Tipps

ANJAS LIEBSTE SORTEN: *Anja ist ein großer Fan von ungefüllten Sorten, wie ›Totally Tangerine‹, ›Sunny Reggae‹, ›Brides Bouquet‹, ›Mexican Black‹ und den Spielarten der Sorte ›Honka‹. Gleichzeitig liebt sie aber auch die großen Schmuck-Dahlien wie ›Labyrinth‹, ›Babylon Bronze‹ oder ›Vassio Meggos‹ und Wild-dahlien wie die Scharlach-Dahlie Dahlia coccinea.*

1. Dahlien brauchen Sonne.

→ *Sucht für eure Dahlien einen möglichst sonnigen Standort mit mindestens sechs Stunden Sonne pro Tag.*

2. Dahlien sind hungrig.

→ *Anjas Tipp: Je eine Hand Rinderdung, Malzkeime und Urgesteinsmehl in das Pflanzloch geben, bevor ihr die Knollen einpflanzt.*

3. Dahlien brauchen Stützen.

→ *Stützt eure Dahlien am besten von Anfang an mit einfachen Hilfen, zum Beispiel an Stäbe und Äste gebunden oder entlang von Zäunen.*

4. Dahlien muss man schneiden.

→ *Je mehr Blüten ihr für eure Vase schneidet, umso mehr Blüten werden nachwachsen. Verblühtes unbedingt abschneiden.*

Modernes Gärtnern

ca. 250 Quadratmeter

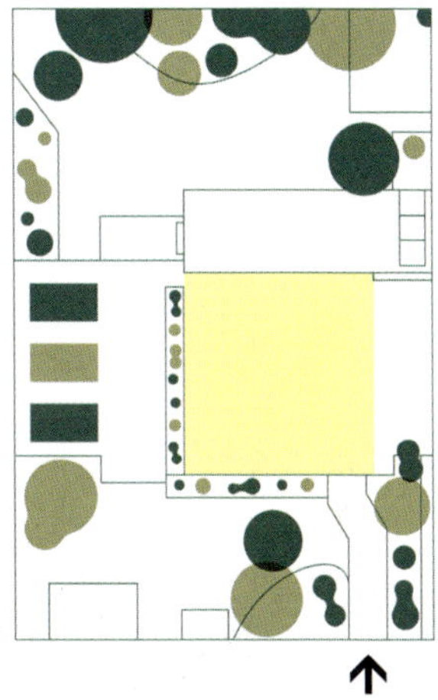

Der Garten ist meine Erholung im Alltag und ein Abenteuer.

→ *Anne Dirfard {Designerin und Interior-Bloggerin}*

GARTEN IN HAMBURG

instagram/170qm

www.170qm.com

Anne und ihre Familie leben viele Jahre in ihrer Traumwohnung in Hamburg,

als sich eine berufliche Chance ergibt, in die Nähe ihrer Familien nach Süddeutschland zu ziehen. Für ein Jahr vermieten sie ihre Wohnung in Hamburg als Back-up unter und ziehen in ein Haus mit Garten. Zwar genießen sie die Nähe zur Natur und der Familie, die der Umzug mit sich bringt, dennoch vermissen Anne und ihre Familie den Norden mit ihren vielen Freunden. Nach einem Jahr Heimweh entscheiden sie sich letztendlich, die Zelte wieder abzubrechen und zurück in ihre Traumwohnung nach Hamburg zu ziehen. Nur eine Sache vermissen die Kinder nun schmerzlich – den Garten!

DER PERFEKTE ZUFALL

Als ein paar Wochen nach der Rückkehr ein Schrebergarten in der Kolonie ihrer Freunde frei wird, ist die Aufregung groß. Zwar malt Anne sich ohne Position auf der Warteliste keine großen Chancen aus, bewirbt sich aber dennoch. Ihre Freundin ist es schließlich, die sie daran erinnert, dass Anne sehr wohl seit einigen Jahren auf der Warteliste der Kolonie steht – dort hatte sie sich nämlich vor einiger Zeit angemeldet und es fast vergessen. Als hätte das Schicksal es so gewollt: Anne und ihr Mann Thomas können den Kindern den großen Traum des eigenen Gartens erfüllen. Ihr neuer Schrebergarten ist nicht nur fußläufig von der Wohnung entfernt, sondern außerdem in einem tollen Zustand: Die Vorbesitzer hatten gerade eine neue Laube gebaut, als sie sich doch für ein Haus im Grünen entschieden und den Garten wieder abgegeben haben.

→ Die Schlafebene über der Küche hatte der Vorbesitzer eingebaut. Sie ist das Reich der Kinder.

→ Die Laube ist so gemütlich, dass sie auch bei schlechtem Wetter Lust auf Garten macht.

→ Das selbst gebaute Sofa wird mit ein paar Handgriffen zum Bett.

→ Die große Couch ist bei allen Familienmitgliedern sehr beliebt!

DIE NEUE TRAUMLAUBE

»Die moderne Laube ist durch große Fenster lichtdurchflutet und hat eine eingebaute Schlafebene. Da ich im Interior-Bereich arbeite, hatte ich natürlich am meisten Freude an der Konzeptentwicklung der Laube. Es ist zwar eine Umstellung für uns, in der Laube zu viert nur einen Raum zu haben, aber das macht auch erfinderisch. Ich hatte direkt tausend Ideen, die Laube optisch und prakisch zu verändern, mit Möbeln, die multifunktional sind. Das selbst gebaute Sofa ist zum Beispiel Bett und Stauraum in einem.«

Das Bett ist einer von Annes Lieblingsplätzen. Hier kann man es sich mit einem Kaffee gemütlich machen und hat einen wunderschönen Blick in den Garten. Mit vielen kreativen Ideen schafft Anne das perfekte Tiny Home, in dem ihre Familie und sie liebend gerne an den Wochenenden schlafen.

→ Auf dem Sideboard sammeln sich zahlreiche bunte Fundstücke.

»Für uns ist der Schrebergarten die perfekte Lösung. Natürlich ist ein Garten am eigenen Haus auch toll, aber wir haben gemerkt, dass wir

→ *Für Annes Tochter hat sich mit dem Holzpferd ein echter Kindheitstraum erfüllt.*

→ *Dieser Ort macht einfach glücklich!*

→ *Besonders gerne sitzt die Familie abends an der Feuerschale und backt Stockbrot. Annes Tipp: dafür einfach gefrorenen Laugenteig auftauen.*

Natürlich ist ein Garten auch viel Arbeit, aber wir lieben es, die Zeit an der frischen Luft zu sein und mit unseren Händen zu arbeiten.

das Stadtleben zu sehr vermissen, um den Verzicht in Kauf zu nehmen. Jetzt haben wir ein Outdoor-Refugium, zehn Fahrradminuten von unserer Wohnung entfernt, und müssen nicht auf die Stadt und die Nähe zu unseren Freunden verzichten.«

Bei der Übernahme ist die Laube in einem tollen Zustand, der Garten aber sehr vernachlässigt. Neben dem Ausbau der Laube haben Anne und ihre Familie eine neue Holzterrasse und Blumenbeete sowie Hochbeete angelegt. Jetzt bauen sie Gemüse an und freuen sich über die eigene Ernte!

»Natürlich ist ein Garten auch viel Arbeit, aber wir lieben es, die Zeit an der frischen Luft zu sein und mit unseren Händen zu arbeiten. So wird dieser Ort absolut zur Erholung im Alltag!«

Besonders für Annes Kinder, die es lieben, draußen zu spielen, ist der Garten etwas Besonderes. Hier vergeht kein Tag, ohne dass man etwas erlebt. Gemüse ernten, Stockbrot über der Feuerschale rösten, es sich mit Waffeln in der Laube gemütlich machen oder im

→ *Die Arbeitsplatte der Outdoor-Küche ist ein Kleinanzeigen-Fund, die Unterkonstruktion von IKEA.*

→ *In den Hochbeeten neben dem Haus ist genug Raum, um Gemüse anzupflanzen und zu testen, was gut funktioniert und schmeckt.*

Garten schlafen: Der Schrebergarten ist wie ein großer Abenteuerspielplatz und das Beste ist, dass die Laube der Freunde direkt nebenan liegt! Zusammen gärtnert es sich ja noch viel besser!

Anne hat noch viele Ideen für das nächste Gartenjahr und baut sich gerade eine tolle Outdoor-Küche, um langfristig draußen zu kochen. Sie ist ein echtes »Trüffelschwein«, wenn es um Kleinanzeigen-Schnäppchen geht, und hat schon viele tolle Möbel gefunden und aufgearbeitet.

»Man muss nicht immer alles neu kaufen. Secondhand schont den Geldbeutel und die Umwelt. Viele Möbel lassen sich mit neuer Farbe großartig aufwerten!«

Für Anne und ihre Familie hat sich alles perfekt gefügt. ***»Nach einem Haus suchen wir nun nicht mehr. Für uns ist die Kombination Wohnung und Schrebergarten einfach perfekt. Wir können uns aber gut vorstellen, irgendwann ein kleines Ferienhaus in der Natur zu haben – für die Auszeit am Wochenende oder für den Urlaub!«***

Annes Trockenblumengesteck

WAS DU BRAUCHST: *Glasglocke, Steckschaum* (oder Knete, Steckmoos, Blumenigel), *Blumenschere, getrocknete Blumen, Steine, Laub, Moos*

1

Geht auf die Suche nach tollen Blumen in eurem Garten, die sich trocknen lassen, und trocknet diese. Geeignet sind z. B. Gräser, Lavendel, Fette Henne, Disteln, Strohblumen.

2

Nun den Steckschaum auf die richtige Größe bringen, in diesem Fall halbieren.

3

Die Stiele auf die richtige Länge kürzen und in den Steckschaum stecken. Achtet hierbei auf unterschiedliche Höhen.

4

Steckschaum mit Moos und Laub bedecken und dieses ein wenig zwischen die Blumen klemmen, sodass es fixiert wird.

5

Annes Tipp: Zwischendurch unbedingt testen, ob die Glocke noch über die Blumen passt.

SAHAR ꝏ ALEX

Es wird bunt

ca. 300 Quadratmeter

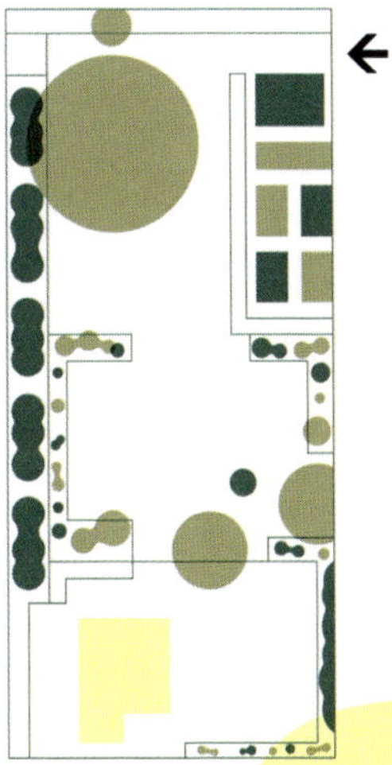

Wir sehen unseren Garten als ein großes, niemals endendes Projekt!

⟶ *Sahar Jacob {Designerin}*

Alex Jacob {IT-Manager}

mit Zoe & Ivy

GARTEN IN DÜSSELDORF

instagram/junandbob

Als Sahar und Alex nach der Geburt ihrer ersten Tochter

in ihre große und kinderfreundliche Wohnung umzogen und somit ihren schönen großen Balkon hinter sich ließen, war ihnen relativ schnell klar, dass eine Alternative gefunden werden musste. Einen Schrebergarten hatten sie gar nicht auf dem Schirm, bis sie im Sommer von Freunden in ihren Kleingarten eingeladen wurden und dabei feststellten, dass so ein Garten die perfekte Ergänzung zu ihrer zentralen Stadtwohnung wäre.

Nachdem sie ein paar Gärten der Kolonie ihrer Freunde besichtigt hatten, entschieden sie sich für einen freien Garten – wohl etwas zu zögerlich, denn er war inzwischen schon vergeben. Zwar war es keine »Liebe auf den ersten Blick«, aber dennoch ging ihnen der Garten nicht mehr aus dem Kopf, und somit war die Freude groß, als der Interessent schließlich doch noch absprang. Sahar und Alex konnten die gepflegte 300 Quadratmeter große Parzelle kurzfristig übernehmen – im Februar 2020 und somit unmittelbar vor Start der Pandemie.

STARTSCHUSS FÜR DAS WERKELN

Die Wochen des Lockdowns verbrachten sie damit, den Garten auf Vordermann zu bringen. Zwar waren der Garten und die Laube nicht vernachlässigt, für Sahars Geschmack aber viel zu altmodisch und vor allem einfallslos. Sie nutzten die Wochenenden, um Beete anzulegen, ein Spielhaus für die

Mädels zu bauen und schließlich die Laube nach den eigenen Vorstellungen zu renovieren. Es wurde ein Wasseranschluss gelegt, das Klo umgebaut und der gesamte Innenraum der Laube renoviert. Auf der Suche nach der passenden Farbe verliebte sich Sahar in ein Farbkärtchen aus dem Baumarkt in Pantone »Living Coral«.

Die Schwierigkeit war es anschließend, das passende Farbkonzept zu diesem leuchtenden Rot zu entwickeln. Sie probierten einige Farben aus, strichen kleine Musterflächen und entschieden sich schließlich für ein dunkles Grün.

Sahar und Alex haben einen ähnlichen Geschmack und mögen es farbenfroh! Sahar liebt eine gewisse Harmonie von Farben, modernen Möbeln und Schätzen vom Flohmarkt.

»Auch in beruflichen Projekten als Kommunikationsdesignerin gestalte ich gerne mit besonderen Farben, die immer eine leichte Kühle ausstrahlen. Nachdem wir die Kombination aus dem gedämpften Petrol, knalligem Koralle und Weiß festgelegt hatten, fügte sich der Rest der Einrichtung fast von selbst.« Durch den Mix wirkt die Laube immer gemütlich und dennoch frisch und modern. Peu à peu entstanden einige Lieblingsecken in ihrem Garten: der Hängesessel unterm Kirschbaum, die Hochbeete und die gemütliche Hollywoodschaukel.

»Für uns ist der Garten ein Rückzugsort als Familie und der perfekte Ausgleich zum Stadtleben. Die fünfzehn Autominuten nehmen wir dafür gerne in Kauf«, schwärmt Alex.

Die Mädels spielen mit den anderen Kindern aus derselben Gartenkolonie und Sahar und Alex lieben den Kleingarten zum Ausprobieren handwerklicher Projekte. ***»Eigentlich sehen wir den Garten als ein großes, niemals endendes Projekt!«***

WICHTIGSTES RITUAL: PAUSE MACHEN

Eine Tradition hat sich in den letzten Monaten eingeschlichen: Sahar und Alex lieben den gemeinsamen Nachmittagskaffee im Garten. Dann gibt es eine gemütliche Pause als

→ *Der Fensterrahmen in Korallrot ist ein echter Hingucker und passt super zu den dunklen Grüntönen der Außenwände und Küchenfliesen.*

→ *Für die Mädels ist es klasse zu beobachten, wie aus dem Samenkorn schließlich eine Karotte wird, die man ernten und dann essen kann.*

→ *Der Garten ist ein großer Abenteuerspielplatz.*

→ *Das Gartenglück für Groß und Klein!*

Wir sind nicht die Typen, die zum Ausruhen in den Garten kommen. Unsere Köpfe sind immer voll mit neuen Ideen!

→ Der Garten ist der Ort, an dem jeder seinen Bedürfnissen nachgehen kann und man dennoch Zeit als Familie verbringt.

→ Sahar liebt es, aus ihren Schnittblumen Sträuße zu binden, die sie mit nach Hause nimmt.

→ Die Kinder spielen im Sommer am liebsten mit Seifenblasen.

→ Das Spielhaus ist ebenfalls ein ganzjähriger Favorit der Mädels.

Familie: Sie kommen zusammen, genießen süßes Gebäck sowie Obst und erzählen sich vom Erlebten.

UNORDNUNG IN DIE ORDNUNG BRINGEN

Wenn man durch den Garten der beiden wandert, ist man beeindruckt und fast schon etwas eingeschüchtert von der Ordnung, dem saftigen Gras und den schönen Backsteinwegen. »***Als wir den Garten übernommen haben, war er sehr gepflegt, aber auch sehr langweilig und brav. Im Gegensatz zu vielen anderen Schrebergärtnern, die erst einmal das Chaos in ihren Gärten beseitigen müssen, wollten wir die große Rasenfläche durchbrechen, einjährige Blumen und Stauden pflanzen und somit etwas Wildheit und Farbe in den Garten bringen***«, erzählt Sahar.

Neben einem Spielturm für die Kinder bauten Sahar und Alex Hochbeete und ein Gewächshaus, um mit den Mädels gemeinsam Gemüse zu ziehen und vor allem zu ernten. »***Durch die Pandemie haben wir den Garten in erster Linie als Familie genutzt. Ich würde mich sehr freuen, wenn wir zukünftig auch die Abende mit unseren Freunden hier verbringen und anschließend mit den Mädels in der Laube übernachten können***«, berichtet Alex.

Sahar und Alex lieben an dem Garten, dass er ein großes Gesamtprojekt ist, welches niemals richtig fertig sein und sich im Laufe der kommenden Jahre immer an die aktuellen Bedürfnisse anpassen wird.

Beide sind begeistert davon, sich durch »Kleinanzeigen-Fundstücke« inspirieren zu lassen und kreativ auszutoben, erzählen sie. »***Denn ganz ehrlich: Wir sind nicht die Typen, die zum Ausruhen in den Garten kommen. Unsere Köpfe sind immer voll mit neuen Ideen!***«

Sahars und Alex' Rankhilfe für das Gemüsebeet

WAS IHR BRAUCHT: *2 Vierkanthölzer* (ca. 3 cm x 3 cm x 200 cm), *9 Rundhölzer* (ø 1 cm, Länge 100 cm), *Bohrer* (ø 1 cm), *Schmirgelpapier, Zollstock, Stift*

Gurken, Bohnen, Erbsen oder auch Clematis – mit Sahars und Alex' selbst gebauten Rankgittern wird jedes Beet optisch aufgewertet und es ist dazu noch super einfach nachzubauen!

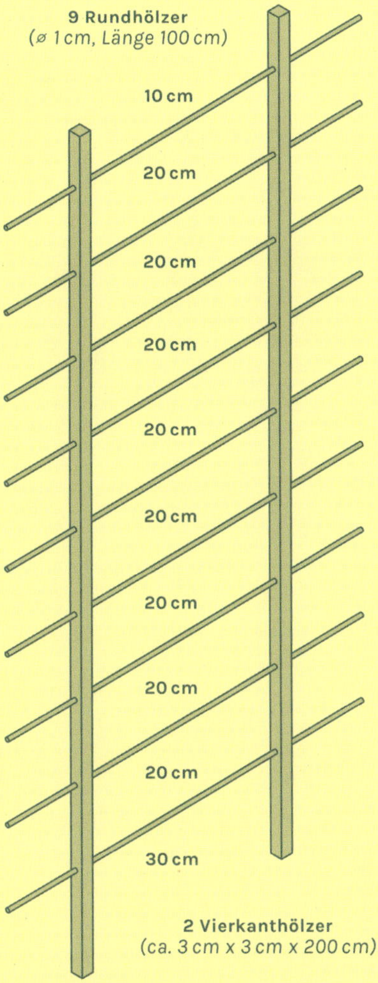

1

Markiert die Bohrstellen auf einem der beiden Vierkanthölzer.

2

Bohrt an den Markierungen durch beide Hölzer durch und schmirgelt die Löcher.

3

Nun schiebt ihr die Rundhölzer durch beide Vierkanthölzer und richtet diese passend aus.

4

Entweder ihr steckt das Rankgitter einfach in die Erde oder ihr befestigt es an eurem Hochbeet mit kurzen Kanthölzern und Schrauben.

FREDERIK & MAX

Zeit zu zweit

ca. 300 Quadratmeter

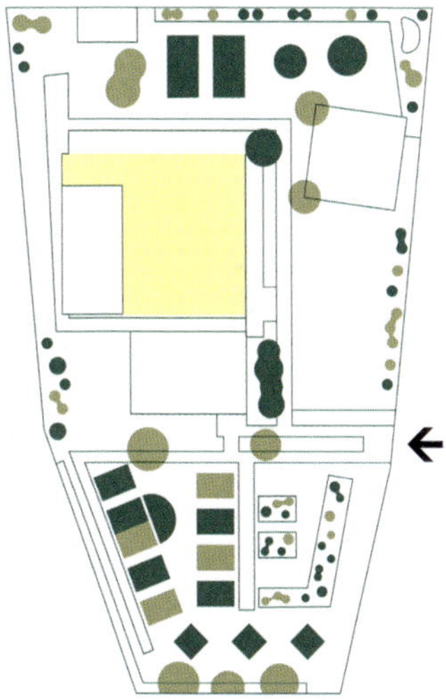

Der Garten bringt die richtige Ausgeglichenheit in unsere Beziehung.

→ *Frederik Doerks (Housekeeping-Manager)*

Maximilian Schönke (UX-Designer)

GARTEN IN HAMBURG

instagram/schnittige_burschen

Als Max einen neuen Job beginnt, freundet er sich mit einer Arbeitskollegin an,

die leider einige Tage später den Arbeitgeber verlässt. Die Freundschaft bleibt allerdings bestehen, und Max und sein Freund Frederik packen gerne mit an, wenn sie in ihren Schrebergarten einlädt. Von Anfang an haben die beiden ein Auge auf den Nachbargarten geworfen, der zwar keine Hütte hat, dafür aber Garten an Garten mit der lieben Freundin liegt und außerdem Potential birgt. Sie überlegen nicht lange und werden Mitglieder im Verein.

SIE STÜRZEN SICH HALS ÜBER KOPF IN DIE ARBEIT

»Der Garten stand jahrelang leer und niemand wollte ihn haben, da er keine Laube hatte. Wir fanden gerade die Aussicht auf die Chance, dort unsere Traumlaube zu platzieren, einfach perfekt. Deshalb hatten wir keinerlei Wartezeit und der Vorstand hat uns direkt genommen. So ein glücklicher Zufall!«

Da Frederik und Max den Garten im Mai übernehmen, können sie direkt starten. Sie haben so viele Ideen und verbringen jede freie Minute in ihrem neuen Gartenglück. ***»Schon drei Wochen nach Schlüsselübergabe haben wir unsere Traumhütte bestellt. Dafür haben wir lange recherchiert und Hütten verglichen, waren uns dann aber doch schnell einig«***, erzählt Max. ***»Unser Timing am Anfang war wirklich sportlich. Leider wurden wir an den eingeplanten Tagen mit dem Laubenaufbau nicht fertig, sodass sie anfangs kein Dach hatte.***

Zucchini-Schokokuchen

400 g Zucchini, geraspelt (Rohgewicht: ca. 480 g), 4 Eier, 200 g Zucker, 150 ml Sonnenblumenöl, 300 g Weizenmehl, 130 g gemahlene Haselnüsse, 80 g Kakaopulver, 1 TL Salz, 1 Päckchen Backpulver, 150 g geraspelte dunkle Schokolade

Die Zucchini waschen, mit einem Küchentuch abtrocknen und fein raspeln. Danach in einem Sieb ein bisschen ausdrücken. Zucker und Eier schaumig schlagen und mit dem Öl vermengen. Das Mehl, Kakao- und Backpulver sowie die Haselnüsse mit dem Salz zusammen in einer Schüssel vermischen. Zu der Zucker-Eier-Öl-Mischung geben und beides so lange verrühren, bis es gerade so feucht ist. Die Zucchini- und Schokoraspeln unterheben. Bei 180 °C Ober- und Unterhitze 50–60 Minuten in einer gefetteten Kastenform backen.

Es kam, wie es kommen musste: Natürlich regnete es am nächsten Tag, und ich versuchte, nach der Arbeit in Businessklamotten möglichst schnell das Dach zu decken. Als wir dann kurze Zeit später die Laube fertig gestrichen hatten, brauchten wir beide erst einmal Abstand vom Garten!«, gibt Max zu.

Frederik ging es damals ähnlich: *»Ich weiß nicht, ob wir uns da vielleicht auch etwas übernommen haben. Auf jeden Fall brauchten wir etwas Urlaub vom Schrebergarten und es kam gerade richtig, dass die Saison zu Ende ging. In den folgenden zwei Monaten gingen wir nicht ein einziges Mal in den Garten. Dafür starteten wir im Jahr darauf richtig durch!«*

Mit ihrer wunderschönen und modernen Holzlaube erfüllten sie sich einen Traum. Durch Frederiks Job im Hotel konnten sie tolle ausrangierte Hotelmöbel, wie ein richtig bequemes Bett, für die Laube ergattern. *»Wir lieben es, am Wochenende mit unseren zwei Hunden im Garten zu übernachten. Wir kaufen dann wie für einen kleinen Kurzurlaub ein und*

verbringen die Tage in unserem Sommerhäuschen.« Dank Solarpanels auf dem Dach haben Max und Frederik sogar Strom in ihrem Garten für den Kühlschrank oder den Kaffee am Morgen.

Frederik und Max beschäftigen sich intensiv mit dem Anbau von Gemüse und Blumen. Frederik ist für die Stauden und Einjährigen zuständig, Max plant und pflegt das Gemüse. ***»Wir haben gemerkt, dass es sinnvoll ist, dass jeder von uns für einen Bereich zuständig ist. Somit gibt es einfach weniger Diskussionen!«***

Sie experimentieren gerne mit vielen unterschiedlichen Sorten und lieben die Gartenarbeit genauso sehr wie die Stunden mit ihren Hunden, kuschelnd auf dem Bett, oder die Abende mit ihren Freunden.

»Uns tut der Garten so gut, weil man hier für jede Stimmung die richtige Beschäftigung findet. Man kann aktiv gärtnern oder es sich in unserer Sofaecke gemütlich machen. Unsere Freunde lieben es, uns hier zu besuchen, und wir feiern regelmäßig Zucchini-Partys in unserer Outdoor-Küche. Tatsächlich prägt der Garten unseren Alltag ganz besonders. Seit wir die beiden Hunde haben, genießen wir diesen Ort noch ein wenig mehr!«, schwärmt Max.

Und Frederik ergänzt: ***»Es ist toll, wie intensiv man die Jahreszeiten hier erleben kann. Während wir im Frühjahr total aktiv sind, die Beete vorbereiten, tolle neue Projekte umsetzen und viele Pläne schmieden, kann man den Garten im Sommer einfach genießen. Wir lieben die Pergola am Abend: Es ist unglaublich gemütlich mit vielen Lichtern und Kerzen am Feuer zu sitzen und der Sonne beim Untergehen zuzusehen.«***

→ *Die Hunde lieben es, zwischen den Beeten zu toben oder im Bett zu kuscheln.*

→ *Frederik pflegt die Blumen, Max das Gemüse.*

Uns tut der Garten so gut, weil man hier für jede Stimmung die richtige Beschäftigung findet.

Garten als Paartherapie

Als Frederik und Max ihr großes neues Projekt »Schrebergarten« starten, merken sie, dass dies einige Herausforderungen für ihre Beziehung bereithält. Sie nutzen die besondere Situation und stellen für sich als Paar ein paar Regeln auf:

1

Grundregeln

1. Sie lassen sich ausreden und hören zu.

2. Wenn etwas danebengeht, hat die Person nie mutwillig gehandelt und darf so auch nicht behandelt werden.

2

Aufgaben

Um Unstimmigkeiten zu vermeiden, haben Frederik und Max recht schnell gelernt, dass es sinnvoll ist, Aufgaben zu verteilen. Max ist beispielsweise für das Gemüse zuständig und Frederik für die Blumen.

3

Wege

Wenn ein Projekt umgesetzt werden soll, darf jeder seinen Weg der Umsetzung darlegen und aus Weg A und Weg B wird ein Konsens und gemeinsamer Weg C entwickelt.

4

Achtsamkeit

Am Ende des Tages haben Frederik und Max eine Achtsamkeits-Runde etabliert. Dazu gehen beide zusammen ganz bewusst durch den Garten und schauen, was sich verändert hat und was sie zusammen geschafft haben.

VICKY CHRISTOPH

Omas Erbstück

ca. 620 Quadratmeter

Es ist so schön, nun selbst den Garten zu pflegen, den meine Oma so sehr liebte.

→ *Victoria Seisenbacher {Hebamme}*

Christoph Lammel {Mikrobiologe}

GARTEN IN WIEN

instagram/grossekleingartenliebe

Vicky hat eine ganz besondere Beziehung zu ihrem Garten,

denn sie hat dort ihre gesamte Kindheit verbracht. Sie hat ihn von ihrer Oma Hilde geerbt und diese wiederum einst von ihrer Mutter. Sie gärtnert hier also quasi in vierter Generation – »***Meine Mama kommt sehr gerne vorbei und hilft mir hier, ist aber auch froh, nicht die Verantwortung für den Garten zu tragen***«, erzählt Vicky.

UROMA SOPHIE UND IHR GARTEN

Das Stück Land wurde kurz nach dem Krieg von Uroma Sophie als sogenanntes »Grabeland«, also für die Selbstversorgung, erworben. Sie legte Gemüsebeete an und pflanzte Obstbäume auf der langen, 600 Quadratmeter großen Wiese mit Hanglage und romatischem Blick in den Wald. Nach ein paar Jahren wurden die Gesetze geändert und man durfte kleine Lauben erbauen – Sophies Schrebergarten war geboren.

Als nach einigen Jahren ihre Tochter Hilde den Garten übernahm, da sie ihn nicht mehr alleine bewirtschaften konnte, wurden abermals Gesetze geändert und die Laube durfte auf nun insgesamt 35 Quadratmeter Wohnfläche erweitert werden. Hilde baute eine richtige Küche und ein Badezimmer mit Dusche in ihre Laube ein und verbrachte ab dann ganze Sommer in dem Häuschen im Wiener Nordwesten. Sie liebte es, dem Stadtleben in ein paar Autominuten zu entfliehen und naturnahe Stunden im Schrebergarten zu verbringen – alleine

In Erinnerungen schwelgen

→ *Vickys Kindheit zusammen mit ihrer Oma im Garten.*

Aus alt mach neu

→ *Die Erweiterung der Hütte sorgte nach und nach für mehr Platz.*

→ Victoria und Christoph lieben die entspannten Wochenenden mit Wein in der Hängematte.

→ Ihr ganzer Stolz ist das selbst gebaute Vogelfutterhaus von Vickys Opa.

→ Christoph kann dank Surfstick im Garten remote arbeiten.

→ In den Hochbeeten versuchen sich die beiden am Gemüseanbau.

oder mit Freunden und Familie. Hilde war bekannt für ihren großartigen Apfelstrudel, den sie mit frischen Äpfeln aus ihrem Garten direkt in der Laubenküche backte. Sie hatte jeden Sommer so viele Äpfel, dass sie gar nicht genug backen konnte. So hatte sie nicht nur ständig Gäste zum Kaffee im Garten, sondern verschenkte auch Strudel an Freunde oder fror sie für die kalte Jahreszeit einfach ein. Der Rekord lag in einem Jahr bei 105 Apfelstrudeln!

Besonders mit ihrer Enkelin Victoria konnte sie die Liebe für den Garten teilen. Vicky verbrachte jede freie Minute mit ihrer Oma im Garten und feierte sämliche Kindergeburtstage dort. So war es nicht sehr überraschend, dass ihre Oma sie eines Tages fragte, ob sie sich vorstellen könne, den Garten zu übernehmen. Die 16-jährige Vicky haderte noch etwas:

»Der Gedanke, den Garten, den meine Oma so liebte, irgendwann in ihrem Gedenken zu pflegen und zu erhalten, überzeugte mich dann schließlich, die Tradition der gärtnernden Frauen unserer Familie fortzuführen. Außerdem liebe ich diesen Ort und hätte mir niemals vorstellen können, ihn zu verkaufen!«

VICKY MACHT AUS OMAS GARTEN IHR EIGENES GARTENGLÜCK

Als Oma Hilde dann 2018 ganz plötzlich und unerwartet, aber wie im Bilderbuch, unter dem Vogelhaus in ihrem geliebten Garten, verstarb, wurde Victoria auf einmal Gartenbesitzerin. Da es sich um einen Eigentumsgarten handelte, stand sie tatsächlich im

→ *In Vickys Küche fehlt es an nichts – es gibt sogar einen Backofen und eine Spülmaschine.*

→ *Auch das Bad haben sie liebevoll renoviert.*

→ *Die Couch lässt sich zum Bett umbauen, sodass die beiden am Wochenende hier schlafen können.*

Der Garten verändert sich mit den Bedürfnissen und dem Geschmack der jeweiligen Besitzerin.

Testament von Oma Hilde. Außerdem stand dort, dass Vicky, sollte sie das Erbe antreten, den Garten niemals verkaufen, sondern nur vererben dürfe. Oma Hilde war nämlich ein echter Fuchs. ***»Das heißt also, dass ich irgendwann einmal eine Tochter haben muss, um ihr den Garten zu vererben«***, witzelt Vicky.

Vicky und ihr Freund Christoph sind somit ganz spontan in das »Abenteuer Garten« gestolpert und gärtnern seither nach dem Prinzip »learning by doing«. Sie bauten zum Beispiel direkt zu Beginn ein paar Hochbeete und probieren sich seither im Gemüseanbau aus.

»Als wir dann das erste Mal in unserem neuen Garten schliefen, machte Christoph wegen seiner Hausstauballergie kein Auge zu. Am nächsten Morgen wussten wir – hier muss etwas geschehen!«

Vicky und Christoph sanierten und renovierten das Wochenendhäuschen nach ihrem Geschmack und zauberten aus der dunklen 70er-Jahre-Hütte ein modernes helles Tiny Home. ***»Der Garten verändert sich mit den Bedürfnissen und dem Geschmack der jeweiligen Besitzerin. Meine Oma erweiterte die Hütte, als sie den Garten von meiner Uroma übernahm, und wir gestalten die Laube nun so, dass wir uns hier zu Hause fühlen! Mein Traum wäre es, hier langfristig zu wohnen. Es gibt tatsächlich ein paar Gärten in der Nachbarschaft, die Wohnrecht haben. Vielleicht geht der Traum ja irgendwann einmal in Erfüllung!«***

Inzwischen verbringen Victoria und Christoph ihre Freizeit in ihrem kleinen Paradies. Christoph kann hier dank Surfstick sogar arbeiten, zum Beispiel wenn Victoria wegen ihrer Schichtarbeit als Hebamme unter der Woche frei hat.

Sie genießen die Zeit zu zweit in der Stille der Natur sehr, lieben es aber ebenfalls, genau wie Oma Hilde, die Familie oder Freundinnen und Freunde zu Besuch zu haben. Dann gibt es – wie könnte es anders sein – Apfelstrudel mit Äpfeln aus dem eigenen Garten!

Oma Hildes Apfelstrudel

WAS DU BRAUCHST: *250 g Mehl, 150 g Wasser, 30 g Öl, 1 Prise Salz, 30 g Butter, 1½ kg Äpfel, 20 g Vanillezucker, 1 EL Zimt, etwas Nelkenpulver, 120 g Zucker, Puderzucker, Schlagobers (Schlagsahne)*

ZUBEREITUNG: *Mehl, Wasser, Öl und Salz gut zu einem glatten Teig verkneten. Anschließend in Frischhaltefolie gewickelt oder mit einem Tuch abgedeckt bei Zimmertemperatur 30 Minuten ruhen lassen. Ein großes Tuch auf der Arbeitsfläche ausbreiten, mit Mehl bestäuben und den Teig vorsichtig mit einem Nudelholz sehr dünn ausrollen. Anschließend mit den Handrücken von unten dehnen, bis er circa 1 m² groß ist. Die Äpfel schälen und in feine Stücke schneiden, mit Gewürzen, Zucker und geschmolzener Butter vermengen und gleichmäßig auf den Teig geben, den Strudel vorsichtig aufrollen. Auf einem Backblech eine Stunde bei 170 °C backen. Warm mit Puderzucker und Schlagobers (Schlagsahne) genießen.*

SONJA

Kräuterfee

ca. 300 Quadratmeter

Das Räucherritual mit Kräutern aus dem Garten gibt mir neue Kraft.

⟶ *Sonja Scheiper {Trainerin & Beraterin für Digitales Marketing}*

GARTEN IN DÜSSELDORF

instagram/whatsonjaminds

www.whatsonjaminds.de

Vor einigen Jahren verliebt sich Sonja in eine sehr beliebte Gartenkolonie

nahe ihrer Wohnung und nimmt die prognostizierte lange Wartezeit in Kauf, um auf ihren Traumgarten zu warten. Sie träumt von einem Schrebergarten, in dem sie eigenes Bio-Gemüse und Schnittblumen anbauen kann. Der Gedanke, einen Garten nahe ihrer Wohnung zu finden, den sie in wenigen Minuten fußläufig erreichen kann – auch nur für eine kurze Stunde am Feierabend, ist so verlockend, dass sie Jahr für Jahr standhaft bleibt und sich immer wieder regelmäßig erkundigt, ob es freie Gärten gibt. Jedes Mal wird sie vertröstet. Acht Jahre lang.

DAS LANGE WARTEN HAT SICH GELOHNT

Eines Tages will es der Zufall, dass Sonjas Bekannte ihren Garten abgeben möchte. Dieser befindet sich leider nicht in dem Gartenverein, bei dem Sonja auf der Warteliste steht, aber in einer Kolonie im selben Stadtteil. Sonja ist Feuer und Flamme, darf den Garten aber schließlich nicht übernehmen, da sie dort nicht auf der Warteliste steht. Somit wird sie als nächste Amtshandlung auch dort Mitglied und bekommt tatsächlich schon nach einigen Monaten einen Garten angeboten. Dieser ist augenscheinlich sehr vernachlässigt und die Laube in einem stark sanierungsbedürftigen Zustand, aber Sonja erkennt das Potenzial und darf sich nach jahrelanger Wartezeit endlich Gartenbesitzerin nennen. Ihre 300 Quadratmeter grünes Glück sind nur zwanzig Minuten Fußweg von ihrer Wohnung entfernt.

Sonja saniert als Erstes ihre Laube: Die nassen Wände müssen getrocknet werden, und sie bekommt ein neues Dach und ein neues Fenster. Auch innen wird sie komplett renoviert. Inszwischen hat sie in der Laube eine gemütliche Küche und einen Arbeisbereich eingerichtet. Als freiberufliche Marketing-Beraterin kann es durchaus vorkommen, dass man in beruflichen Calls

→ *Sonja macht es sich gerne mit Cold-Brew-Tonic und Bananenbrot im Garten gemütlich.*

Vogelgezwitscher oder den Rasenmäher des Nachbarn im Hintergrund hört. Dank ihres Surfsticks ist es kein Problem, im Garten zu arbeiten – das nutzt sie liebend gerne! »***Während der Pandemie, in der sich fast der gesamte Alltag zu Hause abspielte, war der Garten eine willkommene Abwechslung, um beim Umgraben, Pflanzen und vielem mehr den Kopf frei zu kriegen und mal Zeit für sich zu haben.***«

Dafür kommt sie dann am liebsten schon ganz früh morgens in den Garten, wenn das Licht magisch und die Anlage ruhig ist. Dann kann sie gemütlich mit einem Matcha (Tee ist ihre Leidenschaft) in den Tag starten und Tiere beobachten, die sich nur morgens sehen lassen. Immer dabei: Sonjas Hündin Banksy.

Natürlich liebt Banksy den Garten, der für sie wie ein großer Abenteuerspielplatz ist. Seit 2020 eine Wespenstich-Allergie bei ihr festgestellt wurde, darf sie in der Wespenzeit leider nur noch unter Beobachtung auf der Wiese toben. Zum Glück ist sie ebenso gerne in der Laube und liebt es, dort ein Schläfchen auf ihrer Decke zu machen.

→ *Sonja hat ihren Garten liebevoll angelegt und freut sich darüber, dass die Stauden von Jahr zu Jahr größer werden.*

Wir liegen auf Picknickdecken und trinken zusammen Weißwein unter den Bäumen.

DAS VERARBEITEN VON BLÜTEN UND BLÄTTERN

Sonja liebt es, die Blüten und Blätter ihrer Pflanzen zu verarbeiten. Sie trocknet sie, kreiert sich Tees und verwendet die Kräuter zum Würzen. Eine besondere Liebe hat sie für das Räuchern mit ihren eigenen Pflanzen entwickelt.

»Mein größter Luxus bezogen auf den Garten ist, dass ich mich fast ganzjährig mit eigenen Schnittblumen versorgen kann. Das liebe ich ganz besonders – die Blumen für den Anbau selektieren und während der Saison mindestens einmal pro Woche Sträuße schneiden, die dann mit nach Hause kommen. So habe ich auch dort ein Stück vom Garten. Im Wohnzimmer und an meinem Schreibtisch hier stehen immer Gartenblumen!«

So gerne Sonja unter der Woche morgens alleine im Garten ist, so sehr genießt sie es auch, ihre Freunde im Garten zu empfangen. ***»Sogar im Winter verabrede ich mich mit meinen Freunden im Garten. Wir machen dann oft zusammen lange Winterspaziergänge und peilen als Ziel den Garten an, wo es dann heiße Waffeln und Tee an der frischen Luft gibt!«*** Noch lieber als die kalte Jahreszeit sind Sonja die bunten Sommermonate, wenn ihre angelegten Staudenbeete in Lila, Weiß, Blau und vielen anderen verschiedenen Farbtönen blühen. ***»Unter der Woche haben mein Mann und ich das Ritual, die abendliche Hunderunde bis zum Garten und zurück zu laufen. Dann schauen wir nach dem Rechten, gießen die Beete und genießen die Zeit zu zweit, wenn der Rest der Gartenkolonie schon zu Hause ist. An den Wochenenden haben wir oft Besuch von unseren Freunden. Wir liegen auf Picknickdecken und trinken zusammen Weißwein unter den Bäumen. Das ist das perfekte Sommergefühl!«***

Sonjas Räucherritual

Räuchern ist eines der ältesten Rituale der Menschheitsgeschichte. Der würzige Rauch erschafft eine Wohlfühlatmosphäre. Dafür wickelt Sonja kleine Räucherbündel mit unterschiedlichen Zusammensetzungen – je nach Effekt-Wunsch (zum Beispiel Energie, Reinigung, Ruhe und vieles mehr) – und lässt diese trocknen. Nach zwei Wochen Trocknung kann man mit den kleinen Bündeln räuchern. Man zündet das Räucherbündel an der Spitze an und geht damit entweder den Garten, die Laube oder auch das Zuhause ab oder platziert es alternativ in einer feuerfesten Schale an einem Ort, um den Rauch ganz bewusst zu genießen und sich fünf Minuten zum Meditieren zu nehmen.

1. Kräuter sammeln

→ *Je nach Ziel der Räucherzeremonie gibt es unterschiedliche Kombinationen an Kräutern, die ihr verwenden könnt:*

Reinigend: *Lavendel & Salbei*
Beruhigend: *Zitronenmelisse & Hopfen*
Vitalisierend: *Minze & Rosmarin*

2. Bündel binden

→ *Legt die Kräuter Stiel auf Stiel, kürzt sie auf eine Länge (circa 15 cm) und verwendet einen Baumwollfaden, um die Kräuter zu einem Bündel zu verbinden. Dazu die Enden des Wollfadens in Kreuzen über das Bündel legen und am Ende festknoten.*

3. Räuchern

→ *An der Spitze anzünden und eine feuerfeste Schale als Ablage nutzen. Ein paar Minuten (je nach Geschmack) räuchern.*

DEBO & FLO

Selbstversorgung

ca. 850 Quadratmeter

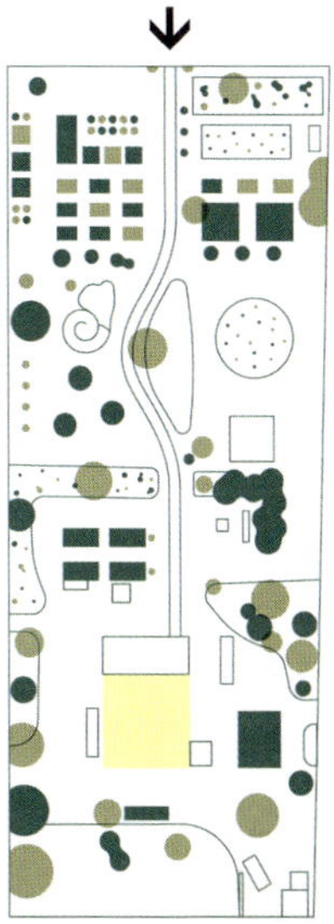

Naturnahes Gärtnern auf 850 Quadratmetern kann manchmal zur Herausforderung werden.

→ *Deborah Hucht {Content-Strategin & Projektmanagerin}*
Florian Hucht {Art Director}
mit ihrem Sohn
GARTEN IN HAMBURG
instagram/einstueckarbeit
www.einstueckarbeit.de

Als Debo und Flo in einem Sommer den Garten von Debos Bruder sitten dürfen

und sich zwei Wochen um den Schrebergarten kümmern, wird die Idee geboren, ebenfalls einen Kleingarten zu pachten. Im Gegensatz zu dem kleinen Gärtchen des Bruders gehen Debo und Flo allerdings auf die Suche nach einem wesentlich größeren Grund, um sich dort ein Stück weit selbst zu versorgen. Nachdem sie einige Gartenvereine mit ihrem Rad abfahren, werden sie schließlich im Norden Hamburgs fündig. »***Wir fanden den Verein klasse, die Grundstücke boten so viele Möglichkeiten, da sie sehr viel größer waren als in den anderen Vereinen. Wir verfassten also ein richtiges Bewerbungsschreiben und erläuterten unseren Plan des naturnahen Gärtners. Zum Glück fand der Vorstand die Idee eines Naturgartens super. So durften wir uns tatsächlich zehn freie Gärten ansehen***«, erzählt Debo. Die Wahl fiel schließlich auf ein riesiges, 850 Quadratmeter großes Grundstück ohne Laube, aber mit viel Potenzial.

EIN EHEMALIGES CLUBHAUS ALS GARTENLAUBE

Die erste Amtshandlung in ihrem neuen Gartenglück ist das Anlegen der Gemüsebeete für das kommende Jahr. Anschließend beschäftigen sie sich mit der Anschaffung einer Hütte, denn diese muss laut Vertrag nach zwei Jahren stehen.

Es gibt einige Exemplare, die ihnen gefallen – sie träumen von einer modernen, skandinavischen Holzlaube, die perfekt in den Naturgarten passen würde.

»Wir hatten uns eigentlich schon für unsere perfekte Hütte entschieden, als wir durch Zufall von einer Holzhütte erfuhren, die in meiner Heimat abgerissen werden sollte. Sie war das ehemalige Clubhaus einer Gruppe Harley-Davidson-Fans und lediglich ein Jahr alt. Also gab es spontan eine Planänderung, wir fuhren nach Schwäbisch Hall, bauten die Laube ab und brachten sie mit einem geliehenen Transporter nach Hamburg«, erzählt Flo. In Hamburg müssen sie nun erst einmal einige Pläne machen. Zum Beispiel möchten sie die Laubendecke erhöhen und dafür das Dach strecken. Deshalb dauert es noch einige Monate, bis die Laube aus der Heimat endlich in ihrem Naturgarten steht. Den Giebel erhöhen sie tatsächlich um circa einen Meter, sodass die Laube direkt luftiger und heller erscheint. Den zusätzlich gewonnenen Raum nutzen sie für eine Schlafebene.

850 QUADRATMETER WOLLEN GESTALTET WERDEN

Außerdem setzen Debo und Flo im Laufe der Zeit tolle Projekte zusammen um, die ihren Garten strukturieren und einen großen Mehrwert in der Selbstversorgung schaffen. ***»Es ist nicht immer so einfach, einen Garten dieser Größe zu planen. Aber das lernen wir gerade und tasten uns Stück für Stück heran. Elemente, die bei kleinen Schrebergärten einen großen Effekt haben, sieht man bei uns manchmal kaum. Das ist für uns die größte Herausforderung!«***

Debos und Flos Fokus liegt immer auf der Selbstversorgung und gleichzeitig darauf, dass der Garten in fließenden, organischen Formen angelegt ist. Sie sehen die 850 Quadratmeter als weißes

> Dadurch dass Debo und Flo die Decke erhöht haben, wirkt die Laube wunderbar luftig und offen.

→ *In ihrem selbst gebauten Dörrautomaten, der mit der Wärme der Sonne funktioniert, trocknen Debo und Flo vor allem Kräuter und Blumen.*

Wir genießen es sehr, dass der Garten inzwischen Teil unseres Jobs geworden ist.

→ In Debos und Flos Garten wachsen viele Gemüsesorten, insektenfreundliche Stauden und Kräuter.

→ Aus alten Fenstern haben sie ein kleines Tomatenhaus gebaut.

Papier, das sie nun Stück für Stück bespielen können. Sie legen Beete an, bauen ein Gewächshaus, eine Outdoor-Küche, legen eine Kräuterspirale an. Sie genießen ihre Projektfläche als Ausgleich zur Arbeit am Computer und merken schnell, dass sie ein tolles Team sind, wenn es um die Umsetzung von DIY-Projekten geht. Diese dokumentieren sie anschließend auf ihrem Blog über ihren Garten.

VOM GARTEN ZUM GARTENBUCH

Schon bald schreiben Debo und Flo ihr erstes Buch über ihre Erfahrungen im Kleingarten. »***Wir genießen es sehr, dass unser Garten inzwischen ein Teil unseres Jobs geworden ist. So können wir noch mehr Zeit an unserem Lieblingsort verbringen!***«

Natürlich haben Debo und Flo noch viele Pläne für ihren Garten, aber seit einiger Zeit gärtnert mit ihnen auch ihr Sohn und hält die beiden ordentlich auf Trab. »***Natürlich finden wir es total schön, dass unser Sohn so naturnah aufwächst. So produktiv wie vor seiner Geburt sind wir aber natürlich nicht mehr. Daran mussten wir uns erst gewöhnen. Inzwischen haben wir aber einen tollen Rhythmus gefunden und der Kleine liebt es, im Garten zu spielen.***«

Die Pläne für das kommende Jahr sind das Anlegen einer Feuerstelle aus Backsteinen und eines Weidentipis. »***Leider kommen unsere Freunde nicht ganz so gerne zum Helfen, sondern lieber zum Grillen***«, lacht Debo, »***aber generell finden wir es absolut klasse, dass unser Freundeskreis den Garten auch so mag. Wir werden hier sehr gerne besucht.***«

Natürlicher Pflanzenschutz

Jauchen, Auszüge, Brühen und Tees sind hervorragende Dünger für den Garten und sorgen nicht nur für gesunde Pflanzen und reiche Ernte, sondern dienen auch als natürliche Schädlingsbekämpfungsmittel.

JAUCHEN *werden wie folgt hergestellt: Man lässt Pflanzenteile in Wasser ziehen und verjauchen. Die Flüssigkeit wird im Verhältnis 1:10 mit Wasser verdünnt und an die Wurzeln der Pflanzen gegeben.*

AUSZÜGE *werden vom Prinzip her gleich angesetzt wie eine Jauche, dürfen aber nicht gären. Sie werden nach drei Tagen abgesiebt und dann verwendet.*

BRÜHEN *entstehen, wenn ihr Pflanzenteile für 24 Stunden in Wasser legt und dieses dann für eine halbe Stunde lang köcheln lasst. Abkühlen lassen und dann verwenden.*

TEE *bereitet ihr auf bekannte Art und Weise zu: Pflanzenteile mit kochendem Wasser übergießen, etwa zehn Minuten ziehen lassen. Dann absieben und (abgekühlt) verwenden.*

DEBOS UND FLOS BESTE MITTEL: *Als Dünger: Beinwelljauche; gegen Blattläuse: Rhabarberblätterbrühe; gegen Mehltau und Schädlinge: Rainfarntee*

Beinwelljauche ansetzen

Kürbisse, Kartoffeln und Tomaten lieben Beinwelljauche als Kalium- und Stickstofflieferanten. Die Starkzehrer vertragen die Jauche wöchentlich, Debo und Flo verteilen sie meist alle zwei bis vier Wochen.

WAS IHR BRAUCHT: *Beinwellpflanze, Gartenschere, Sense oder Messer, Eimer oder Kübel, Steine, Regenwasser*

1

Erntet die Pflanze von außen nach innen und lasst einen Teil der Pflanze stehen.

2

Zerkleinert das Grünzeug und schichtet das Material in euer Gefäß.

3

Gießt nun mit Wasser im Verhältnis von etwa 1:10 auf.

4

Deckt euren Aufguss so ab, dass alles Grün mit Wasser bedeckt ist und keine Tiere darin ertrinken können. Für die Gärung muss immer Luft an die Jauche kommen.

5

Lasst den Aufguss mindestens 10 bis 14, maximal 20 Tage stehen. Wenn sich Schaum bildet und es nach Jauche riecht, habt ihr alles richtig gemacht.

6

Vor dem Einsatz verdünnt ihr die Jauche wieder: Vermischt einen Teil Jauche mit zehn Teilen Wasser, um die Pflanzen damit zu gießen.

TIGERWOMAN

Verwunschen und wild

ca. 600 Quadratmeter

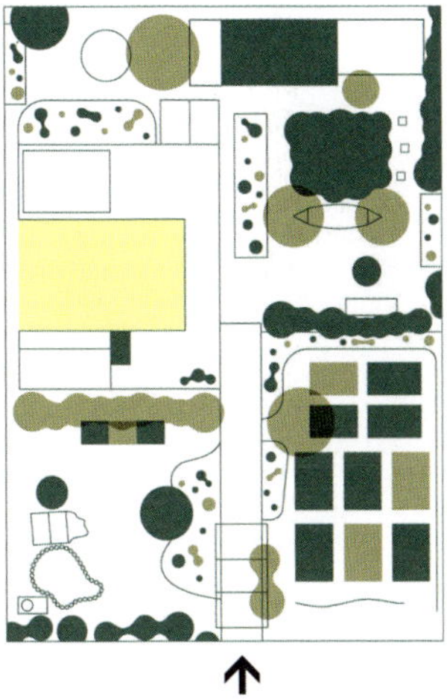

Gärtnern ist mein Yoga, hier komme ich zur Ruhe, sammle Energie und gebe meinem Körper die Bewegung, die er braucht!

→ *Lovis Messerschmidt {Content-Creator}*

GARTEN IN SCHWERIN

instagram/lovis_messerschmidt

www.lovismesserschmidt.com

Lovis ist schon fast mit ihrem Garten verwachsen, so viel Zeit verbringt sie in ihrem grünen Reich.

Als sie vor fünf Jahren den Kinderwagen ihrer Tochter entlang der Schrebergärtchen schob und in den verwunschenen Garten lugte, war es um sie geschehen und sie hatte ihr Elternzeit-Projekt auserkoren. Den Garten bekam sie von ihrem damaligen Freund zum Geburtstag geschenkt und verbrachte von da an sämtliche Tage ihrer 14-monatigen Elternzeit zwischen den Beeten.

DER PERFEKTE ORT FÜR DIE GANZE FAMILIE

Viele schöne Erinnerungen sind mit dem Garten verknüpft: Ihre Tochter lief ihre ersten Schritte auf den vermoosten Gartenwegen und die Jungs finden bis heute immer wieder tolle neue Beschäftigungen.

»Mein Mittlerer begeistert sich für gesunde Ernährung und wählt sorgfältig aus, welche Gemüsesorten in das Gewächshaus ziehen dürfen. Für ihn zählt nicht nur der Geschmack, sondern die Vitamine und Mineralstoffe, die besonders gut für seinen Körper sind«, erzählt Lovis.

Wenn Lovis in ihren Garten kommt, streift sie zuerst ihre Schuhe ab und begrüßt jede seiner Ecken. Seit sie selbstständig als Content-Creator arbeitet, verbringt Lovis auch viele Stunden alleine im Garten und nutzt diesen als Büro. Da er ganz nah an ihrer Wohnung liegt und sie mit dem Rad in fünf Minuten dort ist, besucht sie den Schrebergarten im Sommer sicherlich viermal pro Woche.

»Gärtnern ist mein Yoga! Hier komme ich zur Ruhe, sammle Energie und gebe meinem Körper die Bewegung, die er braucht! Oft schwinge ich mich auch schon ganz früh morgens aufs Rad, wenn die Bande noch schläft, und überrasche kurz nach Sonnenaufgang die Tiere im Garten!«

→ Die große Keramikspüle passt optisch perfekt in die gemütliche Laube.

→ Seitdem Lovis ihre Laube in Eigenregie renoviert hat, verbringt sie gerne ihre Zeit im Innenraum.

→ Helle Creme-Töne in Kombination mit Nadelholz dominieren die Laubengestaltung.

BELIEBT BEI TIER UND MENSCH

Biodiversität ist Lovis ganz besonders wichtig. In ihrem Garten leben Erdkröten, Vögel, zahlreiche Insekten und Igel. Als sie den Garten übernahm, gab es nicht einmal Regenwürmer und kaum Vögel. Die sind zum Glück irgendwann zurückgekehrt. In Lovis' Garten wachsen Gemüse, Dahlien und viele Stauden. Durch unterschiedliche Ebenen wirkt er verwunschen und romantisch. Besonders das alte Erd-Gewächshaus ist ein absoluter Hingucker.

»Das wollte ich eigentlich im letzten Jahr renovieren, aber dann ist die Renovierung der Laube dazwischengekommen. Definitiv ein Projekt für die kommende Saison!«

Dafür hat Lovis ihre Laube in einen Wohlfühlort verwandelt, der zum Verweilen einlädt. ***»Das war unglaublich viel Arbeit, und ich habe lange überlegt, ob sich die Mühe lohnt. Viele Wochen habe ich an den Wochenenden von morgens bis abends renoviert und mir dabei viele Handwerker-Skills selbst beigebacht. Jetzt habe ich eine wunderschöne Laube und viel weniger Hemmungen, handwerkliche Projekte selbst umzusetzen. Ein absoluter Gewinn.«***

Die Gartenlaube ist nun so schön hell und gemütlich, dass sie ein Lieblingsplatz zum Arbeiten geworden ist. Nur hier geschlafen hat Lovis noch nicht: ***»Auch wenn es jetzt richtig einladend geworden ist und ich mir durchaus vorstellen könnte, hier zu übernachten: Wir***

Hier kann man seine Gedanken treiben lassen und Gartenpläne für die Zukunft schmieden.

→ *Das alte Gewächshaus muss renoviert werden, damit es Lovis noch lange erhalten bleibt.*

→ *Im Gewächshaus trocknen Blüten für Gestecke.*

wohnen leider viel zu nah! Da ist die Verlockung zu groß, im bequemen Bett zu schlafen.«

Der Juni ist der Lieblingsmonat der Familie, wenn der Sommer in den Startlöchern steht, das erste Gemüse reif wird und man viele laue Sommerabende im Garten verbringen kann.

»Hier im Garten hat jeder seinen Lieblingsplatz. Meiner ist definitiv die Hängematte. Hier kann ich meine Gedanken treiben lassen und Gartenpläne für die Zukunft schmieden. Die Kinder lieben natürlich auch ihre Spielecken, das Gewächshaus oder machen es sich mit einem Buch kuschelig. Wie lieben den Garten alle sehr und verbringen hier als Familie schrecklich gerne Zeit zusammen. Vor zwei Jahren haben mein Bruder und ich gemeinsam eine Outdoor-Küche gebaut. Jetzt können wir das Gemüse, das wir ernten, direkt verwerten und zusammen im Garten essen.«

Lovis hat noch zahlreiche Wünsche und Ideen für ihren Garten, aber in erster Linie versucht sie, ihn zu genießen. Unter anderem wünscht sie sich ein Rosenbeet, das den ganzen Garten mit zartem Duft erfüllt.

»Die meiste Zeit habe ich total viele Ideen und Energie, den Garten umzugestalten, aber es gibt einen Tiefunkt bei mir. Der ist so circa im Februar, wenn der Garten wie tot aussieht. Dann überfällt mich eine richtige Melancholie und ich kann mir beim besten Willen nicht vorstellen, dass jemals wieder Blätter wachsen könnten. Man sieht dann überall ausschließlich Baustellen. Ein paar Wochen später kommen die Frühblüher, und dann sieht es schon ganz anders aus und es geht aufwärts mit der Gartenlaune.«

Ikebana mit Lovis

Ikebana ist eine Kunst des Blumenarrangierens, die ihren Ursprung in Japan hat. Übersetzt bedeutet Ikebana so viel wie »lebende Blumen«.

FÜR EIN IKEBANA: 1 Kenzan (Steckigel), 1 kleine Schale, unterschiedliche Blumen, Gräser, Beeren oder Moose

1. Pflücken

→ *Überlege dir eine Farbpalette für dein Ikebana und schneide Blumen, Gräser und Beeren aus deinem Garten.*

2. Starten

→ *Den Kenzan auf dem Boden der Schale platzieren. Mit den großen und wichtigen »Statement-Blüten« (z. B. großen Dahlien) beginnen und sie auf dem Steckigel fixieren.*

3. Auffüllen

→ *Achte darauf, dass die Blumen unterschiedliche Höhen haben, und arrangiere ein homogenes Bild, indem du die Lücken nach und nach mit zarten Gräsern und Blüten auffüllst.*

4. Genießen

→ *Fülle die Vase mit Wasser und erfreue dich an dem Gesteck – z. B. auf dem Küchentisch.*

CHRISTINA ⚭ HANNO

Kindertraum

ca. 360 Quadratmeter

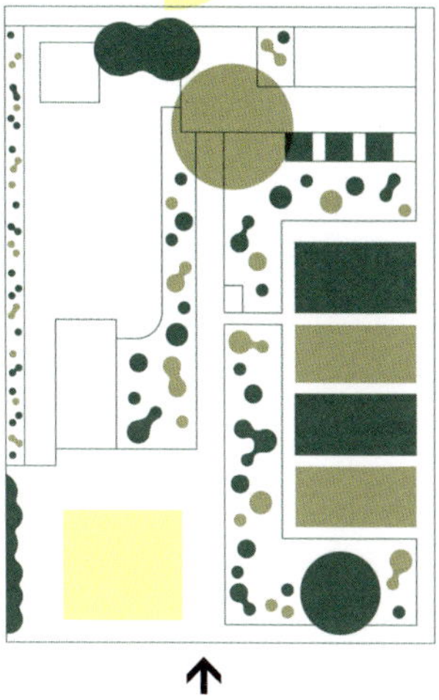

Die Hängematte ist der beliebteste Platz der ganzen Familie!

⟶ *Christina Bennert {Projektmanagerin}*
Hanno Bennert {Grafik- und Type-Designer}
mit Valentin & Oskar
GARTEN IN NEUSS
instagram/the_boho_shack_
www.hn2o.de

Während ihrer Elternzeit ging Christina immer wieder

durch die wunderschöne Kleingartenanlage, die unweit ihrer Wohnung lag, spazieren. Sie verliebte sich in die idyllischen Gärten, die im Kreis um einen hübschen Ententeich angeordnet waren. Trotzdem brauchte es etwas Arbeit, ihren Mann Hanno davon zu überzeugen, dass Schrebergärten gar nicht spießig, sondern sehr kreativ und die beste Lösung für das Leben mit Kindern in der

Stadt sein konnten. Letztendlich meldeten sie sich also doch beim Vorstand des Vereins und konnten sich tatsächlich einen von drei Gärten aussuchen.

LIEBE AUF DEN ERSTEN BLICK

Die Wahl fiel nicht schwer, beide hatten direkt beim ersten Garten eine Vision und wussten, dass dies ihr zukünftiger Schrebergarten sein würde. Die Lage bot mit nur einem Nachbarn viel Privatsphäre, die Aufteilung von Nutz- und Freizeitgarten hatte der Vorbesitzer bereits sehr schön gelöst und der große alte Quittenbaum war absolut charmant. ***»Wir mochten nicht nur unseren Garten, sondern auch die Gärten in der Umgebung. In unserem Verein wird Wert auf naturnahes Gärtnern und die Gartengemeinschaft gelegt.«***

Im vergangenen Sommer gab es sogar ein Sommerfest am Baggersee. Die Kinder haben miteinander getobt und Christina und Hanno haben viele neue sympathische Gesichter kennengelernt. Die Gemeinschaft ist da und absolut bereichernd, aber kein unangenehmer

Zwang. Privatsphäre wird gewahrt. »*Für unsere Familie war der Kleingarten die perfekte Ergänzung zu unserer Wohnung mit Dachterrasse. Wir leben hier unglaublich gerne, aber die Jungs können sich dort natürlich nicht austoben. Also verbringen wir unsere freie Zeit nun im Schrebergarten. Er ist der beste Ort, um mit den Kindern an der frischen Luft zu sein. Die Jungs können ihre Kreativität ausleben, erfinden Detektiv-Spiele, matschen mit Wasser und Erde oder spielen mit den Nachbarskindern.*«

JEDER FINDET IM GARTEN SEINE EIGENEN LEIDENSCHAFTEN

Auch für Christina und Hanno ist der Garten wie eine Spielwiese. Christina hat ihre Leidenschaft für den Anbau von Blumen entdeckt. »*Mein Ziel ist es, keine Blumen mehr kaufen zu müssen, sondern zu jeder Jahreszeit in den Garten gehen zu können und mir dort den Strauß für den Küchentisch zu pflücken!*« Hanno beschäftigt sich gerne mit dem Anbau von Chilis. »*Eigentlich esse ich gar nicht so gern scharf, aber mich hat der Ehrgeiz gepackt, unterschiedlichste Chilis anzubauen und anschließend natürlich auch zu verarbeiten!*«

Na klar, so ein Garten ist viel Arbeit und es gibt sicherlich regelmäßig Situationen, in denen Christina und Hanno ihre Grenzen erreichen. »*Manchmal kommt alles zusammen: Stress im Job, anstrengende Kinder und nie endende Gartenarbeit. Dann muss man sich einfach vor Augen führen, dass man nicht den perfekt gepflegten Schrebergarten haben muss. Außerdem war es für uns total bereichernd, einige Renovierungsarbeiten an unserer Laube von Profis umsetzen zu lassen. Das sparte uns definitiv einige Nerven und wir waren jedes Mal total begeistert von dem Ergebnis*«, erzählt Hanno.

→ *Aus der vernachlässigten Laube wurde ein richtiger Wohlfühlort für die Familie.*

Für unsere Familie war der Garten die perfekte Ergänzung zur Wohnung mit Dachterrasse.

→ *Überall sind im Laufe der Zeit liebevolle Ecken entstanden – es gibt immer etwas zum Entdecken.*

→ *In den Hochbeeten, die Christina wie die Laube schwarz gestrichen hat, wächst das Gemüse.*

→ *In den alten Quittenbaum verliebten sich Christina und Hanno direkt bei der ersten Besichtigung.*

»Während die Möbel und Deko bei uns zu Hause eher ›clean‹ sind, darf ich mich hier in der Laube austoben! Ich liebe es, unsere Laube mit getrockneten Blüten aus dem Garten zu dekorieren und dem Innenraum einen femininen Touch zu verleihen«, schwärmt Christina. ***»Die Kleinanzeigen sind der beste Freund, wenn man einen Schrebergarten hat. Man findet tolle Möbel und kann sich einen Wohntraum mit kleinem Budget erfüllen. Mein Tipp: Meistens bringt ein frischer Anstrich mit der Lieblingsfarbe direkt einen tollen neuen Look!«***

Auch mit dem nicht vorhandenen Stromanschluss haben sich Christina und Hanno inzwischen gut arrangiert. Sie haben einen Gasherd für das Zubereiten von Kaffee und sogar einen Gas-Kühlschrank, der im Sommer Getränke kühlt.

»Natürlich hat man immer wieder neue Ideen, wie man den Kleingarten optimieren kann, aber man darf dabei nie vergessen, den Garten zu genießen. Das geht bei uns am besten mit einem Buch in der Hängematte – wahrscheinlich der liebste Platz der ganzen Familie!«

→ *Hannos Leidenschaft sind seine Chilis. Generell finden Bennerts es klasse, ihr eigenes Gemüse zu einem leckeren Abendessen zu verarbeiten.*

Christinas Tipps für ein Kinderspielhaus

Den Kindern etwas Schönes bauen zu wollen, einen eigenen Bereich im Garten, das war von Anfang an der Wunsch von Christina und Hanno. Sie wollten allerdings auch, dass es stimmig zum Rest des Gartens passt. So haben sie entschieden, ein verwildertes Staudenbeet aufzulösen, um dort Platz für einen eigenen Kinderbereich zu gewinnen: eine Rasenfläche zum Toben und Spielen, ein Sandkasten und ein Spielhaus.

1

Standort

Man sollte sich vorher Zeit nehmen zu überlegen, wo ein guter Standort für den Kinderbereich ist. Wichtige Aspekte sind:

Genügend Platz zum Spielen.
Den Ort gut im Blick zu haben.
Auch für schattige Bereiche zu sorgen.

2

Bausatz

Christina rät dazu, einen (günstigen) Bausatz zu kaufen und diesen zu optimieren. Das spart Nerven und schont den Geldbeutel!

3

Optik

Auch das einfachste Spielhaus kann mit ein paar Handgriffen in ein Traumhaus umgebaut werden. Spart nicht an der Farbe – Christina und Hanno haben dieselbe Farbe wie für ihre Laube gewählt und das Haus mit einer bunten Wimpelkette dekoriert.

JULIA NICKY

Hauptstadtausgleich

ca. 530 Quadratmeter

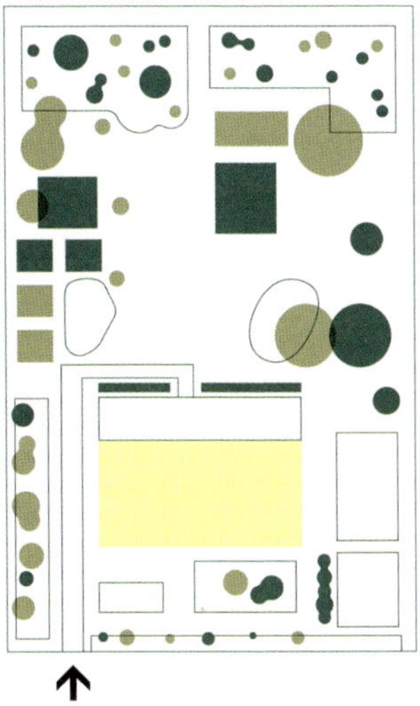

Der Garten ist wie unser »Panama« von Janosch – unser Paradies.

→ *Julia Depis {Illustratorin und Interior-Bloggerin}*
Oliver Niklas Butz-Depis {Qualitätsmanager Krankenhaus}
mit zwei Kindern
GARTEN IN BERLIN
instagram/luette_und_huette
www.berlin-illustration.com
www.newniq.com

Die Anlage, in der sich der Garten von Julia & Nicky befindet, hat mehr Campingplatz-Atmosphäre

als die klassische Optik eines Schrebergartens. Sie befindet sich eine halbe Stunde Autofahrt von ihrer Stadtwohnung in Berlin entfernt. Eine Strecke, die nicht zu lang ist, um sie nicht auch unter der Woche auf sich zu nehmen, und dennoch weit genug, um sich zu fühlen, als würde man in den Kurzurlaub fahren. Dieses Gefühl stellt sich wirklich jedes Mal ein, wenn Julia, Nicky und ihre zwei Kinder mit dem Auto vor ihrer mintgrünen Laube parken. Aber das war nicht immer so, denn die Familie musste viel Zeit und Energie in den alten Schrebergarten stecken, um sich ihr kleines Wochenend-Paradies aufzubauen.

Die alte Laube hat mit einer kleinen Küche, mehreren Schlafräumen und Bad mit Dusche einen richtigen Ferienhaus-Charakter. Die Herausforderung war es, die sanierungsbedürftige Laube kostengünstig in einen Wohlfühlort zu verwandeln. Dafür haben Julia und Nicky den ganzen Müll entsorgt und entrümpelt, Wände entfernt, den Boden erneuert und mit schönen hellen Möbeln einen ganz neuen Look geschaffen. Bei der Sanierung sind sie aber auch das eine oder andere Mal an ihre Grenzen gestoßen: ***»Wir haben unter dem eigentlichen Boden so einige Bodenbeläge gefunden. Eine alte Laube ist wie eine Wundertüte: Man weiß nicht, was einen erwartet, und kann auch negativ überrascht werden«***, lacht Julia.

SPONTANES KLEINGARTENGLÜCK

Julia und Nicky stolpern sehr spontan in ihr Kleingartenglück. Als sie sich auf eine zentrale Warteliste für Schrebergärten in Berlin setzen lassen und den Radius der infrage kommenden Gärten recht weit setzten, werden sie schon nach drei Wochen für einen potenziellen Garten kontaktiert. Sie zögerten nicht

→ *Auf der schattigen Terrasse vor der Laube ist der schönste Platz für den Nachmittagskaffee.*

→ *In den Hochbeeten wächst und gedeiht das Gemüse.*

lang und sagten spontan zu. Julia hat von Anfang an tausend Ideen und möchte diese am liebsten direkt alle gleichzeitig umsetzen, Nicky ist der ausgleichende Ruhepol, der einige Projekte in die Zukunft verschiebt, damit die beiden nicht vergessen, den Garten zu genießen und auch entspannte Stunden mit der Familie zu verbringen, ohne jeden Tag ausschließlich zu arbeiten und Projekte umzusetzen. Denn davon gibt es mehr als genug.

EIN NATURGARTEN ENTSTEHT

Nicht nur die Laube, auch der Garten war leider in einem vernachlässigten Zustand, und Julia und Nicky mussten erst ein paar Altlasten wie den alten Teich entfernen, bevor sie Hochbeete, Sitzecken und wilde Staudenbeete anlegen konnten. Sie mögen besonders das ausgewogene Verhältnis gepflegter Ecken und wilder Blumenbeete. Für ihren älteren Sohn ist der Garten ein großer Abenteuerspielplatz, und er kann seiner Energie freien Lauf lassen. Der Garten ist für ihn der perfekte

→ *Die Familie verbringt auch gerne Zeit auf der Wiese – mittendrin!*

→ *Die schöne Küchenzeile haben Julia und Nicky eigenhändig eingebaut.*

→ *Julia und Nicky haben sich bei der Renovierung der Laube für helle Farben entschieden.*

→ *Der Kaffee wird von Hand aufgegossen – so viel Zeit muss sein!*

→ *Auf dem großen, bequemen Bett lässt es sich hervorragend kuscheln.*

Am Wochenende bleiben wir meistens über Nacht und nehmen uns eine Auszeit von der großen Stadt.

Ausgleich, und Julia und Nicky sind so froh über die Möglichkeit, ihren Kindern durch den Garten die Nähe zur Natur zu ermöglichen. Zusammen werden Blumen gepflückt, Gemüse und Obst geerntet oder Insekten beobachtet.

Inzwischen gibt es zwar noch immer viele Ideen für die Zukunft, aber auch einige Lieblingsplätze, wo sie entspannt Zeit zu viert oder auch gerne mit Freunden oder der weiteren Familie verbringen.

»Am Wochenende bleiben wir meistens über Nacht und nehmen uns eine Auszeit von der lauten Stadt, auf die wir aber auch nicht gänzlich verzichten möchten. Eigentlich bekommen wir dann immer Besuch, da unsere Freunde die Ruhe und die Nähe zur Natur hier draußen auch sehr schätzen. Deshalb möchte ich unser letztes Projekt in der Hütte – das Gästezimmer – auch unbedingt bald umsetzen. Dann können unsere Freunde auch hier schlafen, wir müssen abends nicht so früh ein Ende finden und können am nächsten Morgen auf unserem Lieblingsplatz, der Terrasse mit Blick in unseren Garten, gemeinsam frühstücken.«

Julia und Nicky haben sich einige Lieblingsplätze in ihrem kleinen Reich geschaffen, und es kommen immer wieder neue hinzu.

»Unsere Lieblingstageszeit im Sommer ist der frühe Abend mit dem weichen, goldenen Licht. Dann laufe ich besonders gerne durch die Beete, entdecke neue Blüten, ernte Beeren und genieße unser großes Glück. Der Garten ist wie unser ›Panama‹ von Janosch. Unser Paradies – nur dreißig Minuten von Berlin entfernt. Man erholt sich hier so schnell von der großen, lauten Stadt und dem anstrengenden Arbeitsalltag!«, erzählt Julia.

Natürlich haben Julia und Nicky auch das eine oder andere Mal gezweifelt, als bei der Renovierung unvorhersehbare Probleme auftraten. Heute sind sie stolz darauf, was sie alles in Eigenleistung geschafft haben, und sehr erleichtert, nie aufgegeben zu haben. Nun können sie ihr kleines Paradies endlich genießen.

Julias Garten-Mobile

WAS DU BRAUCHST: *Selbsthärtender Ton, Nudelholz, Messer, evtl. Ausstechformen, Nylonfaden, Schere, Stricknadel, Ast, Kordel, getrocknete Blumen*

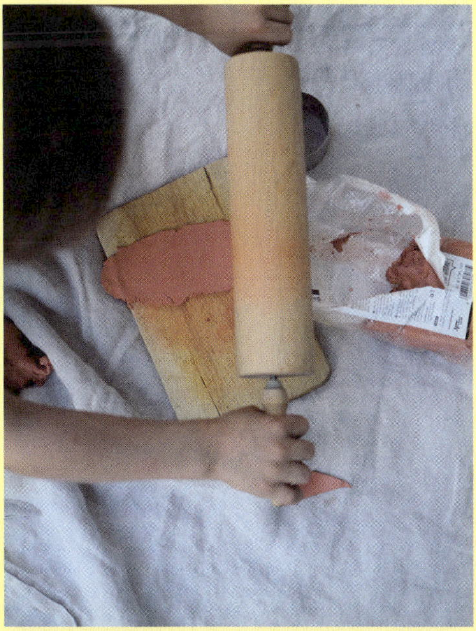

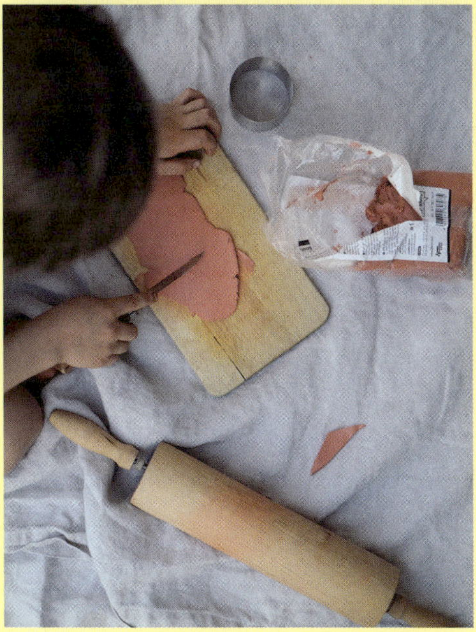

1. Ton ausrollen

→ *Schneide dir ein Stück Ton ab und rolle es circa 5 mm dick aus.*

2. Formen ausstechen

→ *Steche nun mit Plätzchenformen Motive aus oder schneide sie mit einem Messer zu.*

3. Löcher ergänzen

→ *Steche mit einer Stricknadel Löcher für den Nylonfaden und die Stiele der Trockenblumen in den Ton.*

4. Trocknen lassen

→ *Lasse den Ton trocknen. Wenn du magst, kannst du die Formen noch etwas verbiegen.*

5. Fädeln

→ *Hänge die Formen in unterschiedlichen Höhen mit der Nylonschnur an den Ast. Fädele in die Löcher getrocknete Blumen.*

FRANZI ꝏ FLO

Buntes Familienglück

ca. 360 Quadratmeter

Inzwischen ist der Garten zu einem zusätzlichen Teil unseres Zuhauses geworden.

⟶ *Franziska Klee {Inhaberin Taschenlabel}*
Florian Bierbaum {Mediengestalter}
mit Frida & Fritz
GARTEN IN LEIPZIG
instagram/stadtlaube
www.franziskaklee.de

Franzis und Flos Eltern hielten die beiden für verrückt,

als sie ihnen erstmals Fotos des verwahrlosten Gartens zeigten, den sie auf dem Nachhauseweg vom Schrebergarten ihrer Freunde entdeckt hatten. Vollkommen zugewachsen, konnte man nur mit viel Fantasie erahnen, wie der Garten einmal aussehen könnte.

DAS ABENTEUER BEGINNT

Sie ließen sich nicht verunsichern, sondern erkundigten sich beim Vorstand und fanden heraus, dass der aktuelle Besitzer ihr Nachbar war. Also klingelten sie spontan bei ihm und einigten sich noch im Hausflur auf eine Summe zur Übernahme.

So schnell konnte es gehen. Der Nachbar nahm sämtliche Möbel mit, da er die Hoffnung hatte, diese noch zu Geld machen zu können. Franzi und Flo sparten sich die Entrümplung und konnten direkt starten. Als Erstes bauten sie einen Spielturm und eine Matschküche für die Kinder, damit diese spielen konnten, während sie selbst mit der Entkernung der Hütte begannen. Stück für Stück stellte sich heraus, dass sie einen Diamanten übernommen hatten, der unter viel Sperrholz jahrelang versteckt gewesen war. Eine runde Eingangstür mit alten gelben Glasscheiben kam zum Vorschein!

Sie holten die Laube aus dem Dornröschenschlaf und legten nach und nach Gemüse- und Blumenbeete an, bauten viele verschiedene kleine Terrassen als Sitzecken aus Natursteinen und Holz und machten den Garten so Stück für Stück zu ihrem eigenen kleinen Paradies.

»Mit dem Fahrrad sind wir in fünf Minuten im Garten und integrieren diesen Ort im Sommer fast täglich in unseren Alltag. Inzwischen können wir uns hier richtig erholen«, schwärmt Franzi.

Bis dahin war es aber ein großes Stück Arbeit: ***»Manchmal können***

wir gar nicht glauben, was wir schon alles geschafft haben, wenn wir uns alte Fotos anschauen. Inzwischen ist der Garten zu einem zusätzlichen Teil unseres Zuhauses geworden, wie ein weiteres Zimmer unserer Wohnung. Ein richtiger Wohlfühlort, der für jeden das bietet, was er gerade braucht: Spielplatz, Rückzugsort, Verbindung mit der Natur und kreative Werkstatt.«

GRÜN ZIEHT SICH DURCH DEN GARTEN

Das Grün für die Außenwand der Laube haben Franzi und Flo ganz bewusst gewählt. Die Laube sollte sich farblich möglichst gut in den Garten intergrieren. Anschließend wurde auch der Innenraum an das gedeckt grüne Farbkonzept angepasst und durch Zufall Outdoor-Sessel im gleichen Ton gefunden. Innen haben sich die beiden eine kleine Küchenzeile in den Wintergarten integriert. In den Hauptraum haben sie außerdem ein Möbelstück, eine lange Bank, eingebaut. Sie dient natürlich als Sitzfläche, bietet aber auch wertvollen Stauraum.

»Wir wollen gar nicht zu viele Möbel haben – nur so viele, wie wir wirklich brauchen. Dafür suchen wir diese sorgfältig aus. Wir lieben beispielsweise unsere Hängematte. Hier kann man richtig abschalten!« Besonders der kleine Fritz verschwindet dort gerne stundenlang mit seinen Hörbüchern auf den Ohren.

»Wir finden, das Grün, das wir für die Laube ausgesucht haben, ist eine tolle Basisfarbe, die Stauden und Dahlien dürfen aber in allen Farben leuchten! Hier darf es gerne richtig farbenfroh zugehen – das passt zu unserer kunterbunten Familie!«

→ *Der Springbrunnen ist solarbetrieben und plätschert, wenn die Sonne scheint.*

Manchmal können wir gar nicht glauben, was wir schon alles geschafft haben.

→ *Franzi und Flo haben sich überall im Garten lauschige Orte geschaffen. Vor ihrer Laube haben sie eine kleine Terrasse mit Sonnensegel gebaut.*

→ *In ihrem Gewächshaus wachsen Tomaten.*

Franzis Gartenjournal

Seit Franzi und Flo den Garten übernommen haben, führen sie Buch über Ideen, Veränderungen, Pläne und Informationen, die sie nicht wieder vergessen wollen. Rückblickend fungiert das Buch wie ein Tagebuch und zeigt, was sie schon alles geschafft und wie sie sich weiterentwickelt haben.

Flos Hochbeete

Im Frühjahr planen Franzi und Flo ihre Hochbeete auf Grundlage der Mischkultur. Somit werden Gemüsesorten zusammen gepflanzt, die sich gegenseitig gut unterstützen. Manchmal passen nicht alle Favoriten in ein Hochbeet. Dann müssen die beiden entscheiden, welche Sorten diese Saison auf jeden Fall gesetzt werden sollen oder welche sie als Vor- und Nachkultur auswählen.

Zwiebel
Rote Bete
Gurke

Kohlrabi
Spinat
Erdbeere

Zucchini
Erbse
Borretsch

Buschbohne
Radieschen
Pflücksalat

Sellerie
Lauch
Tomate

Paprika
Knoblauch
Kopfsalat

JOHANNA

Me-Time

ca. 340 Quadratmeter

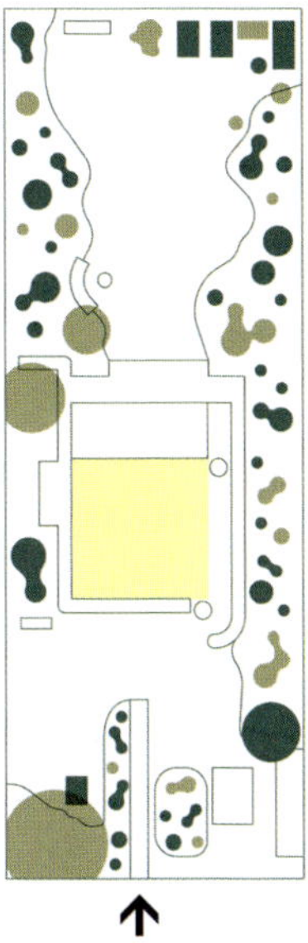

Ich hatte das Gärtnern von Anfang an im Blut und habe es geliebt, in der Erde zu wühlen!

⟶ *Johanna Pröpstl {Shop-Inhaberin/Markt-Veranstalterin}*

GARTEN IN HAMBURG

instagram/besondershamburg

www.besonders-hamburg.com

Johanna und ihre Familie nutzen ihren Schrebergarten schon seit über zehn Jahren,

und er passt sich seither ihren Bedürfnissen an, wächst, verändert sich und bleibt dennoch immer ein zweites Zuhause.

Als Johanna sich 2006 auf die Warteliste für einen Schrebergarten setzen lässt, sind zwei ihrer Kinder noch klein und sie erhofft sich eine Erweiterung der Hamburger Wohnung um einen grünen Bereich, der für ihren Mann und sie Erholung und für die Kinder Abenteuerspielplatz sein würde. Einige Jahre später ist es so weit und sie ergattern einen beliebten Garten, einige Fahrradminuten von ihrer Stadtwohnung entfernt. ***»Für uns kam nur ein Garten infrage, der nah an unserer Wohnung liegt, da wir kein Auto hatten und ihn auch spontan für kurze Ausflüge unter der Woche nutzen wollten!«*** Der vordere Teil des Gartens ist von Beginn an der heilige Bereich der Kinder, die dort schaukeln, toben und in der Sandkiste buddeln können. Auf der anderen Seite ist der Bereich der Erwachsenen: Johanna legt Stauden- und Gemüsebeete an und erschafft sich eine gemütliche Terrasse vor der Laube. Von Beginn an ist der Schrebergarten Dreh- und Angelpunkt der Familie. Die größte Prämisse war es, nie den Spaß zu verlieren und eine gute Zeit im Garten zu haben.

»Ich hatte das Gärtnern von Anfang an im Blut und habe es geliebt, mit den Händen in der Erde zu wühlen. Mein Mann musste erst etwas reinwachsen und hat die Gartenarbeit dann mit der Zeit lieben gelernt!«

EIN GARTEN, DER SICH WEITERENTWICKELT

Die Nutzung ihres Gartens hat sich von Jahr zu Jahr weiterentwickelt. Als die Kinder klein waren, nutzten sie ihn in erster Linie als Familie, schliefen am Wochenende auch oft zu fünft in der Laube oder zelteten im Garten, inzwischen nutzt jedes Familienmitglied den Garten autark.

→ *Johanna sammelt und trocknet Blüten aus ihrem Garten für viele Projekte.*

→ *Der Anrichte hat Johanna einen neuen Anstrich in einem zarten Grüngrau verpasst.*

→ *Der kleine Stuhl mit Blick ins Grüne ist ein echter Lieblingsplatz von Johanna.*

»Ich bin diejenige, die hier am meisten Zeit verbringt. Oft kann ich mich gar nicht losreißen und schlafe das eine oder andere Mal auch alleine im Garten, um den magischen Morgen, den man hier erlebt, in vollen Zügen zu genießen! Das ist ganz bewusste Me-Time, die ich mir gönne.«

ALLE NUTZEN DEN GARTEN FÜR ME-TIME

Inzwischen sind die Kinder fast erwachsen und sie verbringen immer weniger Zeit alle zusammen im Garten, dafür nutzen sie ihn auch mit ihren Freunden. Sie grillen zusammen oder feiern die eine oder andere Party in der Laube. Der Jüngste hat eine Werkbank auf der Terrasse, die er für kleine Holzprojekte nutzt. Jeder sucht sich die eigene Freizeitbeschäftigung.

»Mein Mann verbringt viel Zeit beim Lesen im Garten. Dafür habe ich leider nicht die Ruhe. Meine Entspannung ist das Buddeln im Beet. Wir sind auch gern zu zweit hier und die Kinder freuen sich, alleine zu Hause zu sein.«

→ *In der kleinen, feinen Küche sammeln sich tolle bunte Fundstücke.*

Fruchttarte mit Lavendelzucker

170 g Dinkelmehl, 50 g Zucker, 35 g gemahlene Mandeln, 1 kräftige Prise Salz, 170 g kalte Butter (klein geschnitten), 1 Eigelb, 1 kg reife Aprikosen (oder andere saftige Früchte wie z. B. Brombeeren, Kirschen, Äpfel), 3 EL Lavendelzucker (Getrocknete Lavendelblüten werden mit Zucker gemörsert. Im Schraubglas aufbewahren und so auch im Winter den Sommer genießen), Mandelblättchen zum Bestreuen

Für den Mürbeteig Mehl, Zucker, gemahlene Mandeln und 1 Prise Salz mischen. Die Butter zufügen und kurz einarbeiten, bis die Konsistenz Semmelbröseln ähnelt. Eigelb zugeben und alles zügig zu einem Teig verkneten und zu einer Rolle formen. In ein Wachstuch gewickelt oder in einer abgedeckten Schüssel mindestens zwei Stunden im Kühlschrank kalt stellen. Die kalte Teigrolle in etwa 3 mm dünne Scheiben schneiden. Den Boden und die Seiten einer Tarteform (⌀ 23 cm) mit den Scheiben auslegen und sie dann möglichst gleichmäßig in die Form drücken. Ein kleiner Rest wird später als Streusel über den Früchten verteilt. Den Backofen auf 180 °C vorheizen. Die Früchte waschen und über einem Sieb abtropfen lassen, ggf. entsteinen und zerteilen und sie eng auf den Teig setzen, sie ziehen sich beim Backen etwas zusammen. Den Lavendelzucker und die Streusel drübergeben. Im heißen Ofen 45 Minuten backen und 10 Minuten vor Ende der Backzeit die Mandelblättchen über den Kuchen streuen. Etwas abkühlen lassen. Die Tarte frisch genießen.

→ *Der geschützte Platz auf der Terrasse mit Blick in die bunten Staudenbeete ist perfekt für den Nachmittagskaffee.*

Ich schlafe das eine oder andere Mal auch alleine im Garten, um den magischen Morgen zu erleben.

Jahr für Jahr erobert sich Johanna Teile der Wiese zurück, die nun weniger zum Spielen und Toben verwendet wird, und legt immer mehr Beete an. Irgendwann sollen noch zusätzliche Sitzecken entstehen. Somit wird der Kinderbereich immer mehr zur Wohlfühlzone für die Erwachsenen.

Im vergangenen Jahr hat sie außerdem die Gartenlaube renoviert und in ein kleines Wohlfühlparadies verwandelt. »***Wie viel ein bisschen Farbe ausmachen kann. Ich habe die Laube gestrichen, aber auch Möbelstücke und somit den gesamten Look der Gartenlaube verändert. Jetzt halte ich mich viel lieber in der Laube auf und verleihe sie nicht mehr so gerne für die Partys an meine Kinder***«, lacht Johanna.

Es ist erstaunlich, wie toll sich der Garten über die Jahre an die Bedürfnisse der Familie angepasst hat. Es wird nie langweilig, und das kleine Stück Grün verändert sich schrittweise. Wenn Johanna abends alleine im Garten ist, durch die Beete wandert und sich anschaut, was neu gewachsen und welche Frucht sich ausgebildet hat, schwelgt sie manchmal in Erinnerungen an die Vergangenheit und macht gleichzeitig Pläne für die Zukunft. Ihr Garten ist ein Teil ihrer Familiengeschichte und ein Teil ihrer selbst geworden, und sie kann sich nicht vorstellen, wie ein Leben ohne Garten wäre.

Jeder Ausflug in den Schrebergarten bringt ihr neue Energie und ist wie ein kleiner Spa-Urlaub. »***Ich bin jedes Mal absolut geerdet und ausgeglichen, wenn ich das Gartentürchen hinter mir schließe!***«

Johannas Blumengeschenke

Blumen einrahmen

→ *Zarte Blüten sammeln, zwischen ein geknicktes Blatt Pergament (oder Backpapier) klemmen. In die Mitte eines schweren Buches legen und mindestens eine Woche pressen. Am besten mit weiteren Büchern beschweren.*

→ *Blüten einrahmen und ein Stück Sommergarten an Freunde und Familie verschenken.*

Blumengeschenke

→ *Blüten kopfüber ein paar Wochen trocknen.*

→ *Gemeinsam mit schönen Kleinigkeiten in einer Kiste als natürliches Konfetti dekorieren.*

→ *Mit einem Baumwollfaden oder Küchengarn an einem Geschenk fixieren.*

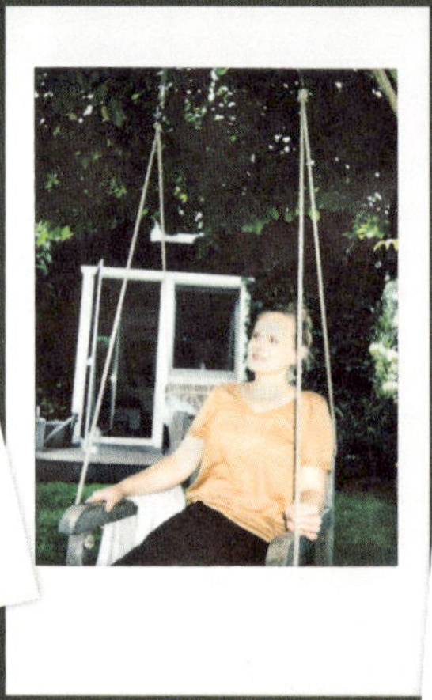

BLUMEN,

Unsere liebsten Gartenbücher

ABENTEUER GARTEN

von Carolin Engwert

Sachkundig und mit einer guten Portion Humor beschreibt Caro wichtige Arbeiten für Gartenneulinge.

THE KINFOLK GARDEN

von John Burns

Eine inspirierende Einladung zur Gestaltung des eigenen ästhetischen Gartens, mit zahlreichen Tipps.

DAS MANUFACTUM GARTENJAHR

von Katharina Heberer

Manufactum führt durch die 52 Wochen des Gartenjahrs und die wichtigen anstehenden Arbeiten.

DER BIO-GARTEN

von Marie-Luise Kreuter

Das Buch erklärt ausführlich, wie sich mit biologischen Methoden ein natürliches Gleichgewicht im Garten herstellen lässt.

GARDENISTA

von Michelle Slatalla

Besondere Gärten auf der ganzen Welt inspirieren mit Ideen zur Bepflanzung, Möblierung und Lichtführung.

Unsere liebsten Onlineshops

SAATGUT

www.bingenheimersaatgut.de
www.magicgardenseeds.de
www.reinsaat.at
www.nutzpflanzenvielfalt.de

BLUMENZWIEBELN

www.joradahl.de

PFLANZEN & STAUDEN

www.biogartenversand.de
www.baumschule-horstmann.de

ZUBEHÖR

www.golden-rabbit.de
www.manufactum.de

Unsere liebsten Blogs/YouTube-Kanäle

www.der-kleine-horror-garten.de
www.parzelle94.de
www.selbstversorgerrigotti.de
www.gartengemuesekiosk.de
www.montydon.com
www.youtube.com/SelfBio

Schrebergarteninfos

www.kleingarten-bund.de
www.kleingarten-museum.de
www.schrebergarten-ratgeber.de

Danke

Danke an Marie, Susan, Frank, Meike, Danny, Caro, Ulla, Sandra, Katti, Jenni, Lea, Matthias, Ben, Anja, Andreas, Anne, Sahar, Alex, Frederik, Max, Vicky, Christoph, Sonja, Debo, Flo, Lovis, Christina, Hanno, Julia, Nicky, Franzi, Flo und Johanna für euer Vertrauen, eure Gastfreundschaft und nicht zuletzt die Zeit, die ihr uns geschenkt habt. Es war uns eine Ehre, eure Gartengeschichten zu dokumentieren!

Danke an den Knesebeck Verlag für die Spontaneität, die Unterstützung und das Vertrauen. Danke an Anja und Steffi für wunderbare Anregungen, bereichernde Umformulierungen und eine freundschaftliche Zusammenarbeit.

Danke an Nick für die Portraits von uns im Nyponhus – wie schön, dass du und Saskia nun auch zur Schrebergarten-Crew gehört.

Danke an unsere großartigen Freundinnen und Freunde, die uns in den letzten Jahren im Garten tatkräftig unterstützt haben. Mit euch und klimpernden Eiswürfeln im Glas in der Sonne zu sitzen, ist für uns einfach das Schönste!

Danke an unsere Familien, die uns auf einmal zum Geburtstag Staketenzäune, Pflanzkartoffeln und Gartenbücher schenkten. Danke für eure Unterstützung!

Danke an unsere Gartennachbarn Luzi und Wolfgang für eure großzügige Hilfsbereitschaft und an unseren Vorstand Günther: Du hast uns zum Gartenglück verholfen!

Auf unserer Reise haben wir 92 Stunden in Schrebergärten verbracht, sind 5538 Kilometer mit öffentlichen Verkehrsmitteln gefahren und haben 40 Covid-Schnelltests gemacht.

Wir sind mit vielen Ideen für unseren Garten, wunderbaren Gesprächen und tollen Bekanntschaften zurückgekehrt. Und einem kleinen Wunder, denn ab Sommer 2022 gärtnern wir zu dritt. Wir freuen uns auf dich!

Impressum

Deutsche Originalausgabe

Ein Unternehmen der Média-Participations

© Fotos: Anne Peter, Jens Amende mit Ausnahme von S. 6, 11, 12, 13, 17: © Nick Wolff, S. 39: © Susan Schlameuß, S. 59: © Meike Rasmusson, S. 146, 147: © Anne Dirfard, S. 159: © Sahar Jacob, S. 176,177: © Victoria Seisenbacher

Projektleitung: Anja Sommerfeld, Knesebeck Verlag
Lektorat: Stefanie Syren, Freising
Gestaltung und Satz: Anne Peter, Jens Amende
Herstellung: Arnold & Domnick, Leipzig
Druck: Graspo CZ, a.s.
Printed in Czech Republic

ISBN 978-3-95728-617-8

www.knesebeck-verlag.de

FSC www.fsc.org MIX Paper from responsible sources FSC® C010798